有滋有味馆子菜

生活新实用编辑部 编著

江苏凤凰科学技术出版社
·南京·

图书在版编目（CIP）数据

有滋有味馆子菜 / 生活新实用编辑部编著 . — 南京：
江苏凤凰科学技术出版社，2021.5
　（寻味记）
ISBN 978-7-5713-1399-9

　Ⅰ . ①有… Ⅱ . ①生… Ⅲ . ①菜谱 Ⅳ .
① TS972.12

中国版本图书馆 CIP 数据核字 (2020) 第 161663 号

寻味记
有滋有味馆子菜

编　　　著　生活新实用编辑部
责 任 编 辑　祝　萍　洪　勇
责 任 校 对　仲　敏
责 任 监 制　刘文洋

出 版 发 行　江苏凤凰科学技术出版社
出 版 社 地 址　南京市湖南路 1 号 A 楼，邮编：210009
出 版 社 网 址　http://www.pspress.cn
印　　　刷　天津丰富彩艺印刷有限公司

开　　　本　718 mm×1 000 mm　1/16
印　　　张　14.5
字　　　数　200 000
版　　　次　2021 年 5 月第 1 版
印　　　次　2021 年 5 月第 1 次印刷

标 准 书 号　ISBN 978-7-5713-1399-9
定　　　价　45.00 元

图书如有印装质量问题，可随时向我社印务部调换。

导读Introduction

一次带回你最想吃的

Restaurant cuisine

餐馆好滋味

现代人爱下馆子，周末假日各大餐馆通常是人潮满满，无疑是为了尝鲜、享受美味。但到馆子消费可不便宜，偶尔为之还好，若是天天享用馆子菜，钱包肯定吃不消。那不如自己动手做馆子菜吧！不但可以节省费用，还能维持品质和保证卫生。

本书将大家最想吃的近300道馆子菜，通通收录起来，把馆子菜美味的秘诀告诉你，让你不用上馆子也能轻松享用馆子菜。本书严选26道点菜率最高的馆子菜、45道热门鲜蔬料理、88道热门肉类料理、91道热门海鲜料理、30道热门豆腐&蛋类料理，再附上9道馆子必点汤品，让你将满满的好味道一次带回家。

备注：全书1大匙（固体）≈15克　　1小匙（固体）≈5克
1杯（固体）≈227克　　1大匙（液体）≈15毫升
1小匙（液体）≈5毫升　　1杯（液体）≈240毫升

书中所使用的油如未特别说明均指色拉油，用量请根据实际情况及个人喜好确定。

目录 CONTENTS

CHAPTER ① 点菜率最高的馆子菜

CHAPTER ② 热门鲜蔬料理篇

CHAPTER ❸ 热门肉类料理篇

CHAPTER ④ 热门海鲜料理篇

CHAPTER **5** 热门**豆腐&蛋类料理**篇

附录：**下馆子必点好汤**

烹饪馆子菜 必备利器

炒锅 ↑

中国人最常使用的就是热炒与油炸两种烹调方法，炒锅既可迅速翻炒，也可以当作油炸锅。平底锅则没有那么方便，快炒时食物容易飞散出去，油炸时锅的深度会不足。

砂锅 ↑

由于砂锅导热系数远比金属锅具小，较容易保留温度，可以避免在烹调时快速增温，使得食材中心与外部温度相差太多，产生外焦内生的状况，所以砂锅可以让料理内外煮得一样均匀，美味可口。此外砂锅不易散失的余温，更可以帮助汤汁浓缩，让整锅的汤汁更加浓稠，味道更加鲜美。

酒精膏加温炉 ↑

通常一些需要不断保温的料理会使用这种以酒精膏为火力的炉具，除了圆锅外还有圆盘垫，如五更肠旺、清蒸鱼都可以利用这种炉具持续加温，不会因冷却而丧失了美味，也不会因为炉火过旺而让菜肴干瘪或焦糊。

蒸笼 ←

主要分为竹蒸笼和金属蒸笼两种，竹蒸笼会吸湿气，因此不会将水蒸气滴到菜肴上，但缺点是传热没有金属蒸笼好，因此时间会稍长。除了蒸笼，也可以用电锅来蒸煮，但是无法一次蒸太多，不过小家庭一般制作分量也不多，不妨拿来利用。

搅拌盆 →

烹饪时，最好准备一些搅拌盆或备料盆，应准备各种大小规格的以便于操作。如果用于搅拌，最好准备深盆且没有死角的圆盆，才不至于让食材粘黏或飞散。

其实在家做馆子菜并不需要什么特别的器具，大部分都是一般家庭厨房就有的，不过还是得了解其用法才能轻松上菜！

刀具↑

菜刀以长方形的剁刀居多，不但可以剁开带骨的肉类，还可以用来切菜，不过建议多准备一把尖头的刀，不但可以处理较小的食材，而且便用于划刻食物。

量杯↑

量杯因为有准确的刻度，通常可以用来量取食材的分量，尤其是汤汤水水的材料，如高汤或水，有了准确的分量，煮出来的汤就不容易过咸或过淡。

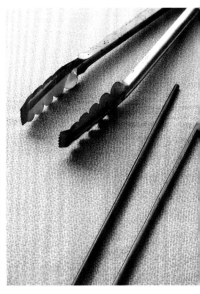

长筷子、长夹子↑

当食物在热油锅中油炸时，有时需要翻动以免粘锅，此时长筷子或长夹子就是一个好帮手，它能避免因为油炸的高温而烫伤，当然长夹子会比长筷子好用，但是夹子通常是金属制的，使用时要动作迅速点，不然也会烫手。

量匙←

利用量匙可以更准确地抓准调味品的分量，通常市售的量匙一组有4个，最大的是1大匙，然后是1小匙（小匙），接着是1/2小匙，而最小的是1/4小匙。

漏勺→

漏勺是汆烫与油炸时的好帮手，可以将锅中的食物捞起，并让多余的水分或油先行沥干，建议可以准备两只，一只用来油炸，另一只则用来汆烫，以免在烹饪过程中不够用。

各式 烹饪法 大剖析

拌

拌菜通常用于冷盘或是开胃菜中，是将单一或多种食材混合，添加调味料后食用的菜肴。拌菜多是生食或是简单料理后，蘸上或拌上酱汁食用，因此减少了过分的烹调，如此一来，可以避免在烹调的过程中，流失大量的营养，让你可以一口吃足美味与健康。

炒

"炒"因为方便快速，成为了中国人做菜最常使用的方式，但常用的方式也是有学问的，就先让我们来快速掌握热炒的注意事项吧！第一，食材形状要一致，如果形状不一，可能会受热不均，炒出来的菜有过生或焦煳的现象。第二，肉类要事先处理，先腌渍、过油后再炒，就会呈现滑嫩的口感。第三，要先爆香提味的辅助食材，增加好气味，再加入主要食材，味道才更好！

炸

油炸油温判断法：
1. 高温油185℃，粉浆或食材细末丢入油锅中，直接浮在油面上，周围如同沸腾一般产生许多油泡。适合海鲜、蔬菜、裹浆裹粉的熟食等。
2. 中温油170~180℃，粉浆或食材细末在油中稍浮稍沉，油泡会往上升起。适合一般的肉类、排骨、糕饼等大多数的油炸品。
3. 低温油140℃，粉浆或食材细末沉入锅底，只有细小的油泡产生。适合腰果、核桃、鳊鱼、大块不易熟的肉块等。

中华烹饪方式变化多端，烹饪出来的食物各有不同的风味与口感，而餐馆常用的烹饪方式有哪些呢？现在就让我们来一窥究竟，了解了这些常用烹饪方式的特色与重点之后，相信你也能拥有一手媲美餐厅的好手艺。

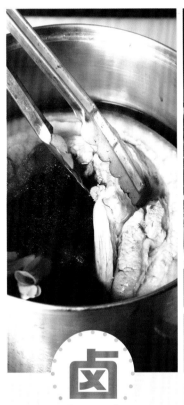

卤

蒸

烧

卤通常很费时间，但是要让菜肴入味，可是不能马虎的，通常餐馆会事先将菜肴卤好，待上菜前再加工即可，而卤也是有秘诀的，秘诀1：先油炸去油腻，如果是卤大块肉，油炸可以释出多余的油脂，不会太过油腻。秘诀2：辛香料垫底，放些葱、姜、蒜可以去除鱼、肉的腥味，而在卤过后，辛香料特有的味道会融入食材中。秘诀3：小火慢炖，大部分的卤法都是在滚沸后，转小火慢慢炖，才会入味，食材也不会过老。

蒸通常是用来保持食物原味的烹饪法，尤其是海鲜类，例如清蒸鱼或蒜泥虾之类的料理，因为清蒸没有添加过多的油或过度的烹调，食材的鲜味不易散失，但是困难在于蒸的时间难掌控，如果蒸太久食物会干涩，太短又会半生不熟，因此通常只要拿筷子轻轻插入食物中，能轻易穿透即可。

所谓"烧"，就是使用各种酱料，慢慢煮至汤汁略为收干至浓稠的状态，使酱料的滋味完全煮进食材中的烹饪法。一般分为红烧、白烧跟干烧三大类。"红烧"即利用"酱油"与"糖"调出的红褐色酱汁，煮至汤汁略为收干的方式，有些料理还会加上水淀粉勾芡，让汤汁更为浓稠；"白烧"做法跟红烧差不多，只是不用酱油当酱料调色，烧出来的料理呈现淡淡的颜色而得名；"干烧"是不限于任何酱料，将汤汁烧煮至干的程度，完全不留汤汁就是干烧的特色。

八大烹饪关键

食材的选择虽然很重要，但也不能忽略烹煮的小技巧，以下教你馆子菜的八大烹饪技巧，只要掌握好，就能轻松品尝到馆子菜的好滋味。

关键1
去腥前处理

肉一直冲水处理，可去腥膻，口感也会更好。另外，氽烫还可以去除肉类或海鲜多余的脂肪、血水与腥味，氽烫时在锅中放入葱段、姜片或米酒，去腥效果更佳。但注意氽烫的时间不要太久，像海鲜的话氽烫只需要半熟，因为之后还有其他的加热工序，这样才不会让食材过老而丧失了其本身的滋味与口感。

关键2
肉类先腌过

腌料中除了调味料之外，还可以放胡萝卜、芹菜、香菜、洋葱头、红葱头、辣椒等辛香料，将上述辛香料加水打汁加入腌料中，可以使腌过的肉保持原有的鲜嫩。此外有些腌料中还会加入淀粉，可以锁住肉汁，防止热炒时肉变干涩。肉类先切块或切片，腌渍后除了可使食材更容易入味，还能节省烹调时间。

关键3
氽烫与过油

许多菜在入锅前都需要经过氽烫或过油，尤其是肉类，可以让食材表面事先熟化，再用来拌炒或炖卤就能保有食材内部的汤汁与风味，也能将表面的脏污去除。而蔬菜过油的目的则是使其保有本身的颜色与脆度。

关键4
善用调味料和辛香料

馆子菜多以快炒料理为主，就是利用大火结合热油，加上食材与调味料，借由产生香气而产生美味。而辛香料和酱料都是让食物更美味的秘诀之一，通常用葱、姜、大蒜、辣椒、花椒在热锅中爆炒就会产生香气，但是不能爆香太久，以免烧焦产生苦味。而罗勒叶、韭菜、芹菜这类食材，则是起锅前再加入即可。此外，有些调味料也可以先爆香，像是辣椒酱、豆瓣酱经过爆香后，风味会更浓郁，有助于提升整道菜的滋味。爆香后，再加入食材炒熟，这样整盘菜吃起来风味更有层次感，相比不爆香全部一起炒，更增添了些香味。

关键5
大火快炒

餐厅炒出的菜就是比家里炒的好吃，其实精髓就在于"锅要热、火要大"。锅热，才能迅速让食材表面变熟，如此一来在翻炒的过程中，食材就不易粘锅，也就不会因为粘黏而破碎四散。至于炉火够大，才能让食物尽快熟透，快炒不像烧煮需要花时间煮入味，越是快速炒熟越能保持食材的新鲜与口感，尤其是海鲜与叶子菜，快炒可避免口感变得又老又干。家里炉火不可能像餐厅的快速炉火火力那么强大，所以只能靠技巧来补足，例如一次不能放入太多食材，以免无法均匀受热而加长爆炒的时间；此外将食材切小、切薄也能加快炒熟的速度，这样炒出来的菜口感就会跟餐厅一样。

关键6
小火慢炖

较大块的肉类，如煮汤、红烧或清炖，都可以用小火慢炖，这样煮出来的菜肴才会美味可口。先用大火煮滚后，盖上盖子转小火再继续慢慢炖煮，长时间炖煮是为了让肉更入味，因此绝对不要心急而用大火，不然长时间煮下来，食材的水分都流失了，肉质吃起来又老又涩，因此只要保持微滚的状态，并以小火炖煮即可。

关键7
烹饪要收汁

红烧肉类或快炒类的菜肴，在烹调上最忌讳的就是煮出或炒出的菜肴中，加入太多汤汁或是锅中留下过多汤汁，所以记得烹饪时要尽量将锅中的汤汁收干，这样才能更入味。

关键8
制作鸡高汤

〔材料〕
汤锅1个、鸡骨2副（约300克）、洋葱1个（约200克）、姜10克、水4500毫升

〔做法〕
1. 鸡骨汆烫洗净，洋葱洗净，切块备用。
2. 取汤锅放入做法1的所有材料和姜片，倒入水。
3. 开火，将做法2汤锅中的水煮滚后，改转小火续煮1个小时，过滤后即是鸡高汤。

备注：
用燃气炉煮高汤时千万不能盖上盖子，要用小火慢慢熬煮，让汤汁一直保持在微滚的状态，若加盖熬煮，汤汁容易混浊不清澈。

CHAPTER 1

点菜率最高的
馆子菜

豪华餐厅、小馆子，
八大菜系或者异国风味，
您最想吃的菜是哪些?
本篇把大家去餐厅都爱点的26道好菜，
全部收录在一起。
选择太多，不知从何选起时，
参考这篇，马上去品尝吧!

三杯鸡

材料

土鸡1/4只、姜100克、蒜头40克、罗勒50克、红辣椒1/2个

调味料

胡麻油2大匙、米酒5大匙、酱油膏3大匙、冰糖$1\frac{1}{2}$大匙、鸡精1/4小匙

做法

1. 姜去皮、切成0.3厘米厚的片状；蒜头去皮、切去两头；罗勒挑去老梗、洗净；红辣椒对剖、切段；鸡肉剁小块，焯水后捞出，洗净沥干，备用。
2. 热锅，加入1/2碗色拉油（材料外），放入姜片及蒜头分别炸至金黄后盛出。
3. 原锅留油，中火将鸡肉煎至两面金黄后盛出沥油，备用。
4. 热锅，放入胡麻油，加入姜片、蒜头以小火略炒香，再加入其余调味料及鸡肉翻炒均匀。
5. 锅转小火、盖上锅盖，每2.5分钟开盖翻炒一次，炒至汤汁收干，起锅前加入罗勒、红辣椒段，炒至罗勒略软即可。

糖醋排骨

材料
猪排骨300克、红甜椒100克、黄甜椒100克、葱末1大匙、蒜末1大匙、地瓜粉1/2杯、面粉1/2杯、水120毫升

腌料
白醋1小匙、盐1/4小匙、胡椒粉1/4小匙、米酒1大匙、葱段1根、姜片3片、淀粉适量

调味料
糖醋酱2大匙

做法
1. 猪排骨切小块，冲水洗去血水，挤干后加入腌料拌匀，腌20分钟后备用。
2. 地瓜粉加面粉及60毫升水调成浆；红甜椒、黄甜椒去蒂、去籽，洗净切菱形片，备用。
3. 将猪排骨均匀裹上粉浆备用。
4. 起油锅，将油热至160℃，放入猪排骨以小火炸至金黄色，捞起沥油备用。
5. 锅中留少许油，爆香葱末、蒜末，加入60毫升水、糖醋酱、红甜椒片、黄甜椒片煮沸。
6. 将猪排骨倒入做法5锅中拌匀即可。

糖醋酱
材料：
番茄酱1杯、白糖1杯、白醋1杯、盐1小匙
做法：
将所有材料混合均匀，煮至沸腾即可。

菠萝虾球

✖材料
沙虾·············200克
菠萝·············100克
生菜··············80克
淀粉··············1大匙

✖调味料
沙拉酱··········4大匙
现榨柠檬汁······4小匙
白糖··············1小匙
盐··············1/2小匙

✖腌料
盐··············1/4小匙
白胡椒粉········1/8小匙
香油············1/4小匙

✖做法
1. 先将沙虾去壳，从背部剖开，去除肠泥后洗净，再加入1小匙盐（材料外）抓洗，冲水半分钟备用。
2. 将沙虾以纸巾吸干水分，加入腌料。
3. 将腌制好的沙虾裹上淀粉，放入油锅以中火炸约3分钟后捞出沥油备用。
4. 生菜洗净后切小块、菠萝切小块备用；将生菜与菠萝拌匀。
5. 将所有的调味料混合拌匀，加2大匙到做法4中搅拌后放至盘上铺底。
6. 将沙虾与做法5剩余的调味料拌匀，放至做法5的盘上即可。

蒜泥白肉

 材料
五花肉…………500克

 调味料
蒜泥酱……………适量

 做法
1. 五花肉洗净，整块放入沸水中，大滚后转小火，盖上锅盖继续煮15分钟后关火，不开盖继续闷30分钟后再取出。
2. 将煮熟的五花肉取出，切片后盛盘，搭配蒜泥酱蘸食即可。

蒜泥酱

材料：
蒜头6粒、小葱1根、姜10克
调味料：
酱油膏3大匙、白糖1小匙、香油1小匙

做法：
将蒜头、小葱、姜切成碎末，再加入所有调味料一起搅拌均匀，即为蒜泥酱。

CHAPTER 1 点菜率最高的馆子菜

绍兴醉鸡

✖材料

鸡腿·····················1个
（约250克）
小葱·····················2根
姜·························5克
水····················200毫升
鸡骨汤·················适量

✖调味料

枸杞子···············1大匙
参须·····················适量
红枣···················10克
绍兴酒·············250毫升

✖做法

1. 将鸡腿翻过来，切断尾部的骨头，再剔除鸡骨即可（见去骨5步骤）。
2. 将去骨鸡腿洗净，卷成长条状后用保鲜膜卷紧，再包覆一层锡箔纸并卷紧（见图1~2）。
3. 姜切片，小葱切段，备用。
4. 将锡箔鸡腿卷与姜片、葱段一起放入水中（见图3），用小火煮约20分钟至熟后，取出鸡腿卷放凉。
5. 另取一锅，加入鸡骨汤及所有的调味料煮开后熄火，待凉后放入鸡腿卷浸泡3~4小时至入味（见图4），然后捞出鸡腿卷切片盛盘即可。

鸡骨汤

材料：
鸡骨·····················2根
水····················500毫升
姜片···················10克
白胡椒粉··············少许

做法：
1. 将鸡骨洗净，与其余所有材料一起放入锅中。
2. 将做法1的材料以中火煮滚后，边煮边捞除浮沫，再转中火煮20分钟即可。

好吃关键看这里

做醉鸡时，常用陈年绍兴酒，因为它的酒味不呛，温和而醇厚，而且在一般超市或便利商店都可以买到。

去骨5步骤

宫保鸡丁

材料

鸡肉丁250克、干辣椒10克、花椒5克、蒜末5克、姜末5克、葱段10克、蒜味花生仁70克、水2大匙

调味料

酱油1小匙、盐少许、糖少许、米酒1小匙、水淀粉少许

腌料

米酒1大匙、酱油1小匙、白糖少许、淀粉少许

做法

1. 鸡肉丁加入所有腌料拌匀，腌渍2分钟，备用。
2. 热锅，加入适量色拉油（材料外），放入花椒、干辣椒炒香，加入鸡丁炒至颜色变白，再放入蒜末、姜末、葱段爆炒香。
3. 于做法2的锅中加入水及所有调味料拌炒入味，起锅前再放入蒜味花生仁拌匀即可。

好吃关键看这里

如果想要更快熟透，可以将鸡丁腌完后直接过油，再于做法3时加入拌炒入味，餐厅大多是使用先过油再炒入味的方式，能让鸡丁锁住肉汁更滑嫩。

葱爆牛肉

材料

牛肉片…………150克
葱………………100克
姜………………20克
辣椒……………10克

腌料

酱油……………适量
白胡椒粉…………适量
香油……………适量
淀粉……………适量

调味料

A 蚝油…………1大匙
  酱油…………1小匙
  白糖…………1小匙
  米酒…………1大匙
B 水淀粉………1大匙
  香油…………1小匙

做法

1. 牛肉片加入所有腌料腌渍10分钟，热锅，放入200毫升油，加入腌牛肉片过油，捞起备用。
2. 葱切段，姜切长片，辣椒切段备用。
3. 将做法1锅中的油留1大匙，热锅，加入做法2的材料爆香。
4. 加入牛肉片和调味料A炒匀，最后再加入调味料B勾芡即可。

麻婆豆腐

❌ 材料

嫩豆腐······················350克
猪肉泥······················150克
葱末························20克
辣椒末·······················10克
蒜末························10克
花椒粒·······················10克
水·························200毫升

❌ 调味料

豆瓣酱·······················2大匙
辣椒酱······················1/2大匙
鸡精·······················1/2小匙
白糖·······················1/2小匙
盐·························少许
水淀粉·······················少许
香油························少许

❌ 做法

1. 嫩豆腐切小块（见图1），开水浸泡后捞起备用。
2. 热锅，加入2大匙色拉油（材料外），放入花椒粒以小火爆香后，将花椒粒取出（见图2）。
3. 于做法2的锅中放入一半葱末、辣椒末、蒜末爆香，再加入猪肉泥炒散，继续加入豆瓣酱、辣椒酱炒香（见图3）。
4. 于做法3的锅中加入水、嫩豆腐（见图4）、鸡精、白糖、盐调味，煮至入味后，以少许水淀粉勾薄芡（见图5），起锅前滴入香油拌匀，最后撒上剩余的葱末即可。

好吃关键看这里

嫩豆腐切块后用热开水浸泡约10分钟，能让原本冰冷的豆腐内部也有一定的热度，节省之后翻炒的时间，同时开水浸泡能去除豆腐的豆涩味，吃起来口感更加滑嫩。

① ② ③ ④ ⑤

CHAPTER 1 点菜率最高的馆子菜

姜丝炒大肠

✖材料
猪大肠············250克
姜丝················80克
辣椒（切丝）······1个

✖调味料
黄豆酱············1大匙
白糖················1小匙
醋精················1小匙
米酒················1大匙
香油················1大匙

✖做法
1 猪大肠洗净后切段，放入沸水中稍汆烫，捞出备用（见图1~2）。
2.热锅，加入适量色拉油（材料外），放入姜丝（见图3）、辣椒丝炒香，接着加入猪大肠段及所有调味料，以大火快炒至猪大肠软熟即可（见图4）。

葱油鸡

🍴材料
鸡腿······················2个
姜·························5克
葱油酱··············适量

🍴做法
1. 将姜洗净切片，和洗净的鸡腿一起放入沸水中煮约10分钟，熄火后再闷约20分钟，取出放凉备用。
2. 将放凉的鸡腿剁成小块，再搭配葱油酱食用即可。

葱油酱

材料：
小葱1根、辣椒1个、酱油2大匙、香油1小匙、辣油1小匙、盐少许、白胡椒粉少许
做法：
1. 将小葱、辣椒洗净，切成碎末备用。
2. 取一个容器，放入所有材料拌匀即成葱油酱。

好吃关键看这里

　　葱油鸡就是白切鸡再搭配葱油酱。白切鸡要煮得又嫩又没腥味，最重要的就是在沸水里煮的时间不要过长，要用关火闷的方式来保持肉质幼嫩，还要记得放姜片，这样鸡肉才不会有腥味。

CHAPTER 1 点菜率最高的馆子菜

红烧狮子头

材料
猪肉泥500克、荸荠（去皮）80克、姜30克、葱白2根、大白菜50克、水50毫升、鸡蛋1个、淀粉2小匙

卤汁
姜3片、葱1根、水500毫升、酱油3大匙、白糖1小匙、绍兴酒2大匙

调味料
绍兴酒1小匙、盐1小匙、酱油1小匙、白糖1大匙、色拉油100毫升、水淀粉3大匙

做法
1. 将荸荠切末备用；姜去皮切末，葱白洗净切末（见图1），加水打成汁后过滤去渣备用。
2. 猪肉泥与盐混合（见图2），摔打搅拌至呈胶状，再依次加入做法1的材料、除水淀粉外的其余调味料和鸡蛋，搅拌摔打（见图3）。
3. 在做法2中加入淀粉将其拌匀，再平均揉搓成10颗肉丸（见图4）。
4. 备一锅热油，先用手蘸取水淀粉均匀地裹在肉丸上，再将肉丸放入油锅中炸至表面金黄后捞出（见图5）。
5. 取一锅，先放入卤汁材料，再将做法4炸好的肉丸加入，以小火炖煮2个小时。
6. 将大白菜洗净，放入沸水中氽烫，再捞起沥干，放入做法5中即可。

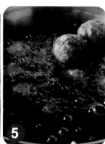

醉虾

❌材料

草虾·····················13只
姜片·······················5克
小葱段·················· 1根
水·····················300毫升

❌调味料

绍兴酒···········100毫升
白糖·····················1大匙
甘草·····················2片
参须·····················2根
红枣·····················5颗
枸杞子··············1大匙

❌做法

1. 草虾洗净沥干，修尖头和长须后，用牙签挑去肠泥（见图1），再放入沸水中快速汆烫备用。
2. 取容器，加入水及所有的调味料和姜片、小葱段混合拌匀（见图2）。
3. 将草虾放入做法2的容器中（见图3），浸泡3个小时以上即可。

好吃关键看这里

　　如果想要醉虾更入味，制作完当天先不要急着食用，盖上保鲜膜后放入冰箱冷藏一晚，隔天再吃风味更佳。

客家小炒

材料
五花肉…………100克
豆干……………50克
干鱿鱼…………50克
葱………………2根
蒜头……………4粒
辣椒……………1个
芹菜……………1根
水………………50毫升

调味料
酱油……………1大匙
米酒……………1大匙
白糖……………1小匙
盐……………1/2小匙
白胡椒粉………1/2小匙
香油……………1小匙

做法
1. 葱、芹菜洗净切段，蒜头、辣椒洗净切片。
2. 干鱿鱼泡水至软，再剪成条状，备用。
3. 五花肉切条；豆干切片，备用。
4. 热锅，加入适量色拉油，放入芹菜段、葱段、蒜片、辣椒片炒香，再加入做法2、3的材料，水及所有调味料快炒均匀即可。

酥炸肥肠

材料
A 猪大肠300克、盐1小匙、白醋2大匙
B 姜片20克、葱3根、花椒1小匙、八角4粒、水600毫升

上色水
白醋5大匙、麦芽糖2小匙、水2大匙

做法
1. 猪大肠加盐搓揉数十下后洗净，再加入白醋搓揉数十下后冲水洗净，备用。
2. 将上色水所有材料加热混合，备用。
3. 葱切段，分为葱白及葱绿，备用。
4. 取一锅，放入姜片、葱绿，加入花椒、八角、600毫升的水煮开，再放入猪大肠，以小火煮约90分钟，捞出泡入上色水中，再捞出吊起晾干，待猪大肠表面干后，将葱白部分塞入猪大肠内，备用。
5. 热油锅，放入猪大肠以小火炸至上色，再捞出沥干油分，切斜刀段排入盘中即可，亦可依喜好另搭配蘸酱以增加风味。

梅干菜扣肉

✕ 材料
A 五花肉500克、梅干菜250克、香菜少许
B 蒜碎5克、姜碎5克、辣椒碎5克

✕ 调味料
A 鸡精1/2小匙、白糖1小匙、米酒2大匙
B 酱油2大匙

✕ 做法
1. 梅干菜用水泡约5分钟后，洗净切小段备用。
2. 热锅，加入2大匙色拉油（材料外），爆香材料B，再放入梅干菜段翻炒，并加入调味料A拌炒均匀取出备用。
3. 五花肉洗净，放入沸水中煮约20分钟，取出放凉后切片，再与酱油拌匀腌约5分钟。
4. 热锅，加入2大匙色拉油（材料外），将五花肉片炒香备用。
5. 取一扣碗，铺上保鲜膜，排入五花肉片，上面再放上梅干菜，压紧。
6. 将做法5的扣碗放入蒸笼中，蒸约2个小时后取出倒扣于盘中，最后加入少许香菜即可。

好吃关键看这里
梅干菜扣肉是一道有名的客家菜，梅干菜的酸咸香味充分融入猪肉中，风味甘醇诱人。选购梅干菜时，香味越浓者品质越佳，以捆成一扎一扎且摸起来有弹性、不要太湿的梅干菜较佳。

红烧牛腩

❌材料

牛腩600克、姜末1小匙、蒜末1小匙、茶叶1大匙、八角4粒、桂皮5克、草果2粒、上海青150克、水2000毫升

❌调味料

盐1/2小匙、白糖1大匙、威士忌酒3大匙、酱油2大匙、水淀粉2大匙

❌做法

1. 牛腩洗净，切成约6厘米×3厘米的长方块；草果拍破；将茶叶放入卤料包，备用。
2. 将牛腩块放入沸水中氽烫约2分钟，捞出冲水过凉、沥干备用。
3. 取一不锈钢炒锅，烧热后放入1大匙色拉油（材料外）及姜末、蒜末炒至呈金黄色。
4. 将牛腩块加入做法3的炒锅中，以中火炒约5分钟。
5. 在做法4中加水2000毫升，待滚后转小火。
6. 在做法5中加入盐、白糖、威士忌酒和草果、八角和桂皮。
7. 在做法6中加入做法1的茶叶包以加速食材煮烂速度，并盖上锅盖。
8. 将做法7以小火煮约45分钟后，加入酱油，不盖锅盖继续煮约20分钟至汤汁与食材同水位，最后以水淀粉勾芡，盛入以烫熟上海青铺底的盘内即可。

好吃关键看这里

腌渍肉类或炖煮时可以添加少许酒类，不但可以让肉更鲜嫩，还可以消除肉的腥味，是一举两得的好方法。此外，在烧煮时添加茶叶、山楂、柠檬汁或是带酸性的食材，可以软化肉的纤维，加快炖煮速度；还可以增添料理的风味。

咕咾肉

❌ 材料
梅花肉…………100克
洋葱……………20克
菠萝……………50克
青椒……………15克
辣椒……………1/4个
淀粉……………1/2碗

❌ 调味料
白醋……………100毫升
白糖……………120克
盐………………1/8小匙
番茄酱…………2大匙

❌ 腌料
盐………………1/4小匙
胡椒粉…………少许
香油……………少许
蛋液……………1大匙
淀粉……………1大匙

❌ 做法
1. 梅花肉切成1.5厘米厚的片，加入所有腌料拌匀，再均匀蘸裹上淀粉，并将多余的淀粉抖去，备用。
2. 青椒、辣椒、菠萝、洋葱皆洗净切片，备用。
3. 热油锅至约160℃，将梅花肉逐片放入油锅中，以小火炸约1分钟，再转大火炸约30秒后捞出、沥干油分，备用。
4. 同做法3原锅，倒出多余的油，放入做法2中所有材料，以小火炒软，再加入所有调味料，待煮滚后放入炸好的梅花肉片，以大火翻炒均匀即可。

31

五更肠旺

✖材料
鸭血……………250克
熟肥肠……………1条
酸菜……………30克
蒜苗……………1根
姜…………………5克
蒜头……………2粒
花椒……………1/2小匙
高汤……………200毫升

✖调味料
辣椒酱……………2大匙
白糖……………1/2小匙
白醋……………1小匙
香油……………1小匙
水淀粉……………1小匙

✖做法
1. 鸭血洗净切菱形块、熟肥肠切斜段、酸菜切片，一起氽烫后沥干水分备用。
2. 蒜苗洗净切段、姜和蒜头洗净切片，备用。
3. 热锅，倒入2大匙色拉油（材料外），以小火爆香姜片、蒜片，加入辣椒酱及花椒，以小火拌炒至出红油、炒出香味后倒入高汤。
4. 待高汤煮至滚沸，加入鸭血块、熟肥肠段、酸菜、白糖以及白醋，转至小火煮约1分钟后用水淀粉勾芡，淋上香油、撒入蒜苗段即可。

生菜虾松

材料
虾仁·············· 300克
荸荠·············· 100克
油条··············· 30克
生菜··············· 80克
葱·················· 1根
姜·················· 20克
芹菜··············· 10克

调味料
沙茶酱············· 1大匙

腌料
盐·················· 1小匙
胡椒粉············ 1/2小匙
米酒··············· 1大匙
蛋清················· 3匙
香油··············· 1小匙
淀粉··············· 1大匙

做法
1. 葱洗净切末，姜洗净切末，芹菜洗净切末。
2. 虾仁洗净切小丁，加入所有腌料抓匀，腌渍约5分钟后过油，备用。
3. 荸荠切碎、压干水分，备用。
4. 热锅，加入适量色拉油，放入葱末、姜末、芹菜末炒香，再加入虾丁、荸荠碎与沙茶酱拌炒均匀，即为虾松。
5. 油条切碎、过油；生菜洗净，修剪成圆形片，备用。
6. 将油条碎铺在生菜上，再装入炒好的虾松即可。

豆豉牡蛎

材料
牡蛎·············· 250克
豆豉··············· 10克
蒜苗··············· 1根
蒜头··············· 3粒
辣椒··············· 1个

调味料
A 酱油膏········· 2大匙
  白糖··········· 1小匙
  米酒··········· 1小匙
B 香油··········· 1小匙

做法
1. 蒜苗洗净切碎，蒜头洗净切碎，辣椒洗净切碎。
2. 牡蛎洗净，放入沸水中汆烫、捞起沥干备用。
3. 热锅，加入适量色拉油（材料外），放入蒜苗碎、蒜碎、辣椒碎、豆豉炒香，再加入牡蛎及调味料A拌炒均匀，起锅前加入香油拌匀即可。

东坡肉

✖材料

带皮五花肉……500克
草绳……………2根
葱段……………30克
姜片……………20克
水……………300毫升

✖调味料

白糖……………5大匙
绍兴酒………300毫升
酱油…………200毫升

✖做法

1. 将整块带皮五花肉切成正方块（见图1）。
2. 将草绳洗净，放入容器中用开水泡软（见图2）。
3. 将五花肉用草绳十字交叉绑好（见图3），以防煮烂后肉块破裂。
4. 烧一锅水至沸，放入五花肉块汆烫去血水（见图4），再捞起洗净沥干。
5. 取一砂锅，锅中放入葱段及姜片垫底（见图5）。
6. 将五花肉块带皮的面朝下放入砂锅中（见图6）。
7. 于做法6的砂锅中依序加入白糖、绍兴酒、水及酱油（见图7），再盖上锅盖，煮滚后转小火续煮1个小时。
8. 打开锅盖将五花肉块翻面，使带皮的面朝上（见图8），续煮半小时，关火闷约30分钟后，挑除葱段、姜片即可。

好吃关键看这里

除了用草绳固定，也可以用棉绳将五花肉绑成十字状，这样可以让五花肉煮时定型，肉质紧实不松垮。

西红柿滑蛋虾仁

✖材料

虾仁	150克
西红柿块	120克
鸡蛋	4个
葱花	15克
蒜末	10克

✖调味料

盐	1/4小匙
鸡精	1/4小匙
胡椒粉	少许
米酒	1大匙

✖做法

1. 虾仁洗净，放入沸水中氽烫一下；鸡蛋打散，备用。
2. 热锅，加入2大匙色拉油（材料外），爆香蒜末，再加入西红柿块拌炒，接着加入虾仁、葱花、所有调味料炒匀，最后加入打散的鸡蛋炒至八分熟即可。

好吃关键看这里

　　氽烫虾仁可以去腥，同时先烫至半熟再炒，能使虾仁嫩熟。鸡蛋炒至八分熟即可熄火准备起锅，利用锅中余温就能将鸡蛋热熟。

蛤蜊丝瓜

✖材料

丝瓜	350克
蛤蜊	80克
葱	1根
姜	10克

✖调味料

盐	1/2小匙
白糖	1/4小匙

✖做法

1. 丝瓜去皮、去籽洗净，切成菱形块，放入油锅中过油稍微炸一下，捞起沥油备用。
2. 葱切段；姜切片；蛤蜊泡水吐沙，备用。
3. 热锅倒入适量的油，放入葱段、姜片爆香，再加入丝瓜及蛤蜊拌炒均匀，盖上锅盖焖煮至蛤蜊打开。
4. 加入所有调味料拌匀即可。

好吃关键看这里

　　丝瓜事先炸过，可以保持表面的翠绿，也可以让焖煮过的丝瓜不会那么软烂，但不需要炸过久，只要稍微过油一下即可。如果喜欢吃口感软烂的丝瓜，那就不用经过这道步骤，直接下锅拌炒就行。

咸蛋炒苦瓜

✖ 材料

苦瓜······················350克
咸蛋······················2个
蒜末······················10克
辣椒末····················10克
葱末······················10克

✖ 调味料

盐·························少许
白糖······················1/4小匙
鸡精······················1/4小匙
米酒······················1/2大匙

✖ 做法

1. 苦瓜洗净去头尾，剖开去籽切片（见图1），放入沸水略氽烫捞出，冲水沥干（见图2）；咸蛋去壳切小片，备用。
2. 取锅烧热后倒入2大匙油（材料外），放入咸蛋片爆香（见图3），加入蒜末、葱末炒香（见图4），再放入辣椒末与氽烫过的苦瓜片拌炒（见图5），最后加入所有调味料拌炒至入味即可。

好吃关键看这里

担心苦瓜太苦的话，在处理苦瓜时尽量将内层白膜刮掉，这样可以有效减少苦味，白糖与鸡精的分量也就可以减少了。

CHAPTER 1 点菜率最高的馆子菜

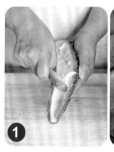 ❶
 ❷
 ❸
 ❹
 ❺

清蒸石斑鱼

❌材料

石斑鱼················· 1条
（约700克）
葱···················· 4根
姜··················· 30克
红辣椒················ 1个
水··············· 150毫升

❌调味料

A 蚝油············· 1大匙
  酱油············· 2大匙
  白糖············· 1大匙
  白胡椒粉··· 1/6小匙
B 米酒············· 1大匙
  色拉油······ 50毫升

❌做法

1. 石斑鱼洗净后，从鱼背鳍与鱼头处到鱼尾纵切一刀深至龙骨，将切口处向下置于蒸盘上（鱼身下横垫一根筷子以利蒸汽穿透）。
2. 将2根葱洗净，切段拍破，将10克姜去皮、切片，铺在鱼身上，淋上米酒，移入电锅，外锅加入2杯水，煮至开关跳起（或入蒸笼大火蒸15分钟至熟），取出装盘，葱姜及蒸鱼水弃置不用。
3. 另取2根葱、20克姜和红辣椒切细丝铺在鱼身上，烧热50毫升色拉油淋至葱姜上。
4. 将调味料A加水煮开后淋入盘中即可。

好吃关键看这里

清蒸是最能呈现鱼肉鲜甜滋味的好方法，但缺点就是味道稍单调了些，所以在调味上除了要利用葱姜腌渍去腥，让鱼肉鲜甜味道更好，调味的淋汁也决定了味道的好坏，其中蚝油就能提供鲜味与咸味，同时还具有增添色泽的作用。此外，淋热油可以使香气充分散发出来，让人远远地就闻得出要上菜了！

砂锅鱼头

材料
鲢鱼头1/2个、老豆腐1块、芋头1/2个、包心白菜1颗、葱段30克、姜片10克、蛤蜊8个、油豆腐10个、黑木耳片30克、水1000毫升

腌料
盐1小匙、白糖1/2小匙、淀粉3大匙、鸡蛋1个、胡椒粉1/2小匙、香油1/2小匙

调味料
盐1/2小匙、蚝油1大匙

做法
1. 将腌料混合拌匀，均匀地抹在鲢鱼头上（见图1）。
2. 将鲢鱼头放入油锅中，炸至表面呈金黄色后捞出沥油（见图2）。
3. 老豆腐洗净切长方块，放入油锅中炸至表面呈金黄色后捞出沥油。
4. 芋头切块（见图3），将芋头块放入油锅中，以小火炸至表面呈金黄色后捞出沥油（见图4）。
5. 包心白菜洗净，切成大片后放入沸水中汆烫，再捞起沥干放入砂锅中垫底。
6. 于做法5的砂锅中依序放入鲢鱼头、葱段、姜片、老豆腐、黑木耳片、炸过的芋头块，加入水和所有调味料，煮约12分钟后，加入蛤蜊继续煮至开壳即可。

CHAPTER 1 点菜率最高的馆子菜

热门
鲜蔬料理 篇

去餐厅除了吃大鱼大肉，
不免也要来点蔬菜调节一下口味，
在家烹饪蔬菜虽然简单，
但总觉得少了一些滋味，
本篇就告诉您餐厅蔬菜料理美味的秘诀，
让您在家也能轻松做出美味蔬菜料理！

蔬菜挑选 秘诀大公开

叶菜类

根茎类

◎ 挑选及保鲜诀窍

挑选叶菜时注意叶片要翠绿、有光泽，没有枯黄，茎的纤维不可太粗，可先折折看，如果折不断表示纤维太粗。通常叶菜类就算放在冰箱冷藏也没办法长期储存，叶片容易干枯或变烂。叶菜类保鲜的秘诀就在于保持叶片水分不流失及避免腐烂，可用报纸包起来，根茎朝下直立放入冰箱冷藏，以延长叶菜的新鲜。记得千万别将根部先切除，也别事先水洗或密封在塑料袋中，以免加速腐烂。

◎ 挑选及保鲜诀窍

根茎类的蔬菜较耐放，因此市面上的根茎类蔬菜外观通常不会太糟，挑选时注意表面无明显伤痕即可，可轻弹几下查看是否空心，因为根茎类蔬菜通常是从内部开始腐败。此外千万别挑选已经发芽的土豆。洋葱、萝卜、牛蒡、山药、红薯、芋头、莲藕等根茎类蔬菜只要保持干燥，置于通风处通常可以存放很久，放进冰箱反而容易腐坏，尤其是土豆冷藏后会加快发芽的速度。

瓜果类

豆荚类

◎ 挑选及保鲜诀窍

绿色的瓜果类蔬菜，挑选时尽量选瓜皮颜色深绿，按下去没有软化且拿起来有重量感的，这样才新鲜；冬瓜最好分片买，尽量挑选表皮呈现亮丽的白绿色且没有损伤的；而苦瓜表面的颗粒越大越饱满，就表示瓜肉越厚，外形要呈现漂亮的亮白色或翠绿色，若出现黄化，就表示果肉已经过熟，不够清脆了。瓜果类先切去蒂头可以延缓老化，拭干至表面没有水分后，用报纸包裹再放入冰箱冷藏，可避免水分流失；而已经切片的冬瓜，则必须用保鲜膜包好再放入冰箱，才可以保鲜。

◎ 挑选及保鲜诀窍

挑选豆类蔬菜时，若是含豆荚的豆类，如四季豆、豇豆等，最好选豆荚颜色翠绿或是不枯黄且有脆度的；而单买豆仁类的豆类蔬菜时，则要选择形状完整、大小均匀且光泽没有暗沉的。豆荚类容易干枯，所以要尽可能密封好放入冰箱冷藏；而豆仁类放置于通风阴凉的地方保持干燥即可，亦可放冰箱冷藏，但同样需保持干燥。

蔬菜料理 秘诀大公开

煎炒

煎和炒都是使用少量的油烹调食材，不同之处在于火候和烹煮时间以及锅具的选择。基本上各种蔬菜都适合煎炒，只要切成适当大小就可以熟透，不过叶菜类因为菜叶较薄，所以不宜用煎的烹调法，以炒为佳。

煎：把食材放在锅中以小火或中火煎至两面呈金黄色，最好使用受热均匀且底部平坦的平底锅。

炒：建议使用中式炒锅或深度较高的平底锅，以中火或大火翻炒，烹调时间较短。

炖煮

炖是一种比较耗时的烹调法，锅具以汤锅或深锅为首选。因为需要加入汤汁久煮入味，所以根茎类的蔬菜非常适合拿来炖，而炖又可分为直接炖和间接炖。

直接炖是较常采用的方法，只要把食材和调味料加入高汤或水，放入锅中先以中大火煮开，再转小火煮至食材充分软烂入味。

间接炖需准备两只汤锅或深锅，以隔水加热的方式炖煮食材，内锅放入所有食材后盖上锅盖，以小火炖至食材软烂入味。

煮则是把食材切好后，连同适量的水和调味料一起放入锅中，借水滚沸的热能来煮熟食物。

烤

烤是把食材直接放到炉（炭）火上或者烤箱中烘烤，以炉（炭）火或烤箱的热辐射加热食材使其熟透。蔬菜的选择上以有厚度的蔬菜为佳，如果选用大白菜或丝瓜这类过薄或水分多的蔬菜，最好先把蔬菜氽烫后再放入器皿中烤，避免烤干或水分渗出影响风味。烤的时候也可以把食材放入烤皿中焗烤，若食材已经事先煮熟，可只用烤箱中上火加热即可。

蒸

蒸是以加热蒸锅内的水产生的水蒸气和热能来让食材熟透的方法。蒸出来的食材可以保有充足的水分和食材原形，也能够较好地保留蔬菜的原始鲜甜风味。各种蔬菜都适合蒸食，只要注意将较厚的食材分切，例如红薯、萝卜等。

蒸的烹调方式非常简单，只要把食材调味后放入器皿中，可在器皿上盖上保鲜膜，避免水汽滴入菜中影响味道，待蒸锅内的水滚沸后放入，并盖上蒸笼盖，蒸至食材熟透即可。

炸

炸的时候锅内要倒入大量的油，油量一定要盖过食材，以油温炸熟食材，一般油温须达到160~180℃，以油的热度炸出外酥里嫩的口感，起锅前可以改大火快炸，以降低食材含油量。炸的方式依食材裹粉的不同，大致分为：清炸、干炸、湿炸。清炸意指未经裹粉，食材直接油炸；干炸是将食材先蘸上面粉，再蘸蛋液后裹上面包粉或其他干粉类下锅油炸；湿炸则是将食材裹上调好的湿面糊后下锅油炸。

汤

汤品可细分为滚汤、炖汤、煲汤，其中炖和煲的汤品过滤食材后都可作为高汤使用。滚汤是最常运用的烹调法，材料以不耐久煮的食材为主，烹调时间最短，汤汁也最清澈；炖汤的烹煮时间则要2~4个小时，材料和锅内汤汁滋味较浓郁，滋补效果更好；煲汤则风行于广东地区，烹调时间超过3个小时，锅内汤汁部分蒸发，食材精华尽入汤汁中，营养价值极高，食材多半舍弃不食用。

辣炒脆土豆

✖ 材料
土豆⋯⋯⋯⋯⋯100克
干辣椒⋯⋯⋯⋯⋯10克
青椒⋯⋯⋯⋯⋯⋯5克
花椒⋯⋯⋯⋯⋯⋯2克

✖ 调味料
盐⋯⋯⋯⋯⋯⋯1小匙
白糖⋯⋯⋯⋯⋯1/2小匙
鸡精⋯⋯⋯⋯⋯1/2小匙
白醋⋯⋯⋯⋯⋯1小匙
黑胡椒粉⋯⋯⋯适量

✖ 做法
1. 土豆去皮切丝；青椒去籽切丝，备用。
2. 热锅，倒入适量的油（材料外），放入花椒爆香后，捞去花椒，再放入干辣椒炒香。
3. 放入做法1的材料快速翻炒，加入所有调味料炒匀即可。

好吃关键看这里
这道料理就是要吃土豆的脆度，因此土豆千万别炒太久，以免吃起来口感太过松软。

醋拌三色丁

✖ 材料
胡萝卜⋯⋯⋯⋯100克
小黄瓜⋯⋯⋯⋯⋯2根
熟花生仁⋯⋯⋯50克
蒜头⋯⋯⋯⋯⋯⋯3粒
红辣椒⋯⋯⋯⋯1/2个

✖ 调味料
白醋⋯⋯⋯⋯⋯5大匙
白糖⋯⋯⋯⋯⋯1小匙
盐⋯⋯⋯⋯⋯⋯少许
白胡椒粉⋯⋯⋯少许
香油⋯⋯⋯⋯⋯1小匙

✖ 做法
1. 将胡萝卜及小黄瓜切成小丁，放入沸水中汆烫，捞起放凉备用。
2. 将蒜头切小片、红辣椒切片备用。
3. 取一容器，加入做法1及做法2的所有材料，再加入所有调味料及熟花生仁，略为拌匀即可。

好吃关键看这里
小黄瓜不需加盐腌渍，因为腌过的黄瓜会软化，失去清脆的口感；仅需与胡萝卜一起汆烫，待凉后再与熟花生仁一起凉拌即可。

糖藕

粉藕⋯⋯⋯⋯⋯1大节　　桂花⋯⋯⋯⋯⋯1小匙
糯米⋯⋯⋯⋯⋯100克　　蜂蜜⋯⋯⋯⋯⋯1大匙
白糖⋯⋯⋯⋯⋯2大匙　　牙签⋯⋯⋯⋯⋯数支
水⋯⋯⋯⋯⋯⋯适量

做法

1. 将糯米泡水2个小时，沥干备用。
2. 粉藕洗净去皮，切开一端塞入糯米，再以牙签固定。
3. 将做法2的莲藕放入锅内，加水至淹过莲藕5厘米高，以小火煮15分钟后加入白糖，继续煮10分钟至水略收。
4. 于做法3中放入部分桂花和蜂蜜，煮至汤汁浓稠后取出放凉切片，再淋上剩余桂花和蜂蜜的混合汁即可。

CHAPTER2 热门鲜蔬料理篇

醋炒莲藕片

⊠材料

莲藕··············200克
姜···················20克
辣椒·················1个
香菜···············少许

⊠调味料

盐···················1小匙
鸡精···············1小匙
白糖···············1小匙
白醋···············1大匙
香油···············1小匙

⊠做法

1. 姜、辣椒洗净切片。
2. 莲藕洗净、切圆薄片，放入沸水中煮3~4分钟，捞起沥干，备用。
3. 热锅，加入适量色拉油（材料外），放入姜片、辣椒片爆香，再加入藕片及所有调味料快炒均匀盛盘，撒上少许香菜装饰即可。

百合烩鲜蔬

⊠材料

西蓝花··········1大颗
新鲜百合·········1朵
白果···········35克
蟹味菇···········1盒
胡萝卜···········少许
葱···············1根
姜···············少许
高汤·········250毫升

⊠调味料

A 盐 ··········1/2小匙
  鸡精·········1/2小匙
  料酒···········1小匙
B 香油···········少许
  水淀粉·········适量

⊠做法

1. 白果、蟹味菇分别氽烫至熟；胡萝卜切条氽烫至熟；新鲜百合剥开后洗净；葱切段；姜切小片，备用。
2. 取一锅水，煮沸后加入1小匙盐（材料外），将西蓝花掰小朵洗净后，放入沸水中氽烫至熟，捞出摆盘。
3. 热锅，放入1大匙油（材料外），将葱段、姜片入锅爆香，再加入白果、百合炒约2分钟后，加入蟹味菇、胡萝卜条及高汤。
4. 待做法3的汤汁沸腾后，加入调味料A拌匀，再以水淀粉勾芡，起锅前淋上香油，盛入做法2的西蓝花中即可。

蒜炒三色蔬菜

材料
菜花100克、西蓝花100克、胡萝卜30克、蒜头2粒、橄榄油1小匙

调味料
盐1/2小匙

做法
1. 菜花、西蓝花洗净，掰小朵；胡萝卜切片；蒜头切片备用。
2. 煮一锅水，将菜花、西蓝花烫熟，捞起沥干备用。
3. 取不粘锅烧热放油后，爆香蒜片。
4. 放入菜花、西蓝花和胡萝卜片拌炒后，加盐调味即可。

清炒西蓝花

✖材料
西蓝花…………150克
蒜头………………3粒

✖调味料
盐…………………1小匙
白糖…………1/2小匙

✖做法
1. 西蓝花掰小朵、去粗皮，放入沸水中氽烫，捞起泡冷水后沥干；蒜头切片备用。
2. 热锅，加入适量色拉油（材料外），放入蒜片爆香，再加入西蓝花及所有调味料快炒均匀即可。

蟹肉西蓝花

✖材料
西蓝花………280克
蟹腿肉…………20克
蒜头………………2粒
胡萝卜片………5片
蛋清……1个鸡蛋量

✖调味料
盐…………………少许
白胡椒粉…………少许
香油………………少许

✖做法
1. 将西蓝花洗净后掰成小朵，放入沸水中氽烫约1分钟，再放入冰水里面冰镇一下，沥干备用。
2. 将蒜头切片；胡萝卜片切丝；将蟹腿肉放入沸水中氽烫过水备用。
3. 热锅，倒入1大匙色拉油（材料外），先爆香蒜片、胡萝卜丝，再加入西蓝花与蟹肉一起快速翻炒均匀，最后加入调味料与蛋清液勾芡即可。

凉拌竹笋

❌材料

竹笋··········400克
生菜···········适量

❌调味料

沙拉酱············适量

❌做法

1. 取一锅，放入洗净的竹笋，再加入淹过竹笋的水，盖上锅盖，以大火煮沸后，转小火煮约30分钟，熄火再闷约10分钟待凉。
2. 将竹笋捞出放入保鲜盒中，再放入冰箱冷藏备用。
3. 食用时，取出竹笋去外壳，修掉边缘后切块，盛在摆有洗净生菜的盘中，淋上沙拉酱即可。

好吃关键看这里

竹笋吃起来虽然清甜，但是部分品种却略带淡淡的苦涩味，其实只要在煮竹笋的时候加入1把大米与2个干辣椒，就可以去除竹笋的苦味。因为大米会吸收竹笋的苦味，而干辣椒则会让竹笋的味道更鲜。

黄金蛋炒笋片

❌ 材料

沙拉笋片········ 300克
咸蛋·················2个
鸡蛋·················1个
蒜末················10克
葱末················10克

❌ 调味料

米酒·················1大匙
鸡精··············1/4小匙
白胡椒粉··········少许

❌ 做法

1. 鸡蛋打散，备用。
2. 咸蛋去壳切丁，分成咸蛋黄丁及咸蛋白丁，备用。
3. 热锅，放入2大匙色拉油（材料外），加入咸蛋黄丁、蒜末爆香（见图1），再加入沙拉笋片、咸蛋白丁、所有调味料炒匀（见图2），起锅前淋上打散的鸡蛋液（见图3），再放入葱末拌炒至蛋液凝固即可。

好吃关键看这里

咸蛋本身已有咸味，调味时可以酌量添加少许盐，也可以不添加。另外，咸蛋黄要炒到起泡沫才会香。

沪式椒盐笋丁

❌材料

竹笋	250克
小葱	1根
红辣椒	1个
罗勒叶	少许

❌调味料

盐	少许
白胡椒粉	少许
香油	1大匙

❌做法

1. 将竹笋去除外壳、煮熟,切成滚刀块,备用(见图1)。
2. 小葱切段;红辣椒切片;备用(见图2)。
3. 将竹笋放入油温约190℃的油锅中(材料外),炸至表面金黄,捞起滤油,放凉后备用(见图3)。
4. 取一容器,放入竹笋块(见图4)、小葱段及红辣椒片,再加入所有调味料,一起搅拌均匀,加入罗勒叶装饰即可(见图5)。

好吃关键看这里

竹笋务必沥干后再入锅油炸,一来较好上色,二来避免产生油爆。待炸好的竹笋放凉后,再与其他食材一起拌匀即可。

CHAPTER 2 热门鲜蔬料理篇

辣炒箭笋

❌ 材料
箭笋…………120克
水…………200毫升

❌ 调味料
辣豆瓣酱………1大匙
白糖…………1/4小匙
素蚝油…………1小匙

❌ 做法
1. 箭笋放入沸水中汆烫约3分钟，捞出沥干水分，备用。
2. 热锅，加入1大匙油（材料外），放入辣豆瓣酱略炒，再加入水、箭笋及剩余调味料，以小火焖煮至汤汁收少即可。

百合炒芦笋

❌ 材料
细芦笋………200克
百合…………50克
红甜椒………1/3个
蒜头…………2粒
红辣椒………1/3个

❌ 调味料
酱油…………1小匙
香油…………1小匙
米酒…………1大匙
鸡精…………1小匙

❌ 做法
1. 将细芦笋切去老梗，再切成小段后洗净备用。
2. 百合瓣开洗净；红甜椒洗净，去籽切块；蒜头与红辣椒切片，备用。
3. 取一炒锅，加入1大匙色拉油（材料外），放入蒜片和红辣椒片爆香，再加入红甜椒块、芦笋段和百合，以中火翻炒均匀。
4. 于做法3中加入所有的调味料，翻炒至食材均匀入味即可。

芦笋爆彩椒

❎材料
芦笋·················150克
红甜椒··············20克
黄甜椒··············20克
葱段················20克
水·················15毫升

❎调味料
盐·················1小匙
鸡精···············1/2小匙
白糖···············1/2小匙

❎做法
1. 芦笋去根部，切斜段；红、黄甜椒切条，备用。
2. 将芦笋段放入沸水中汆烫，捞起备用。
3. 起油锅，放入1大匙色拉油（材料外），加入做法1、2的所有材料、水、葱段以及所有调味料快炒均匀即可。

好吃关键看这里

快炒芦笋鲜嫩有诀窍。芦笋直接下锅炒，不易熟，可以放入沸水中汆烫，过一下水就捞起，这样可以快速熟化，炒出来的芦笋又脆又有水分。

香菇炒芦笋

❌ 材料

鲜香菇·············3朵
芦笋··············300克
蒜头··············2粒

❌ 调味料

鸡精··············1小匙
盐················1小匙

❌ 做法

1. 鲜香菇洗净切片；蒜头切片，备用。
2. 芦笋洗净切段，放入沸水中汆烫至软化，捞起沥干即可。
3. 热锅，倒入少许油（材料外），爆香蒜片、香菇片。
4. 加入芦笋段拌炒均匀，加盐、鸡精调味即可。

XO酱炒芦笋

❌ 材料

芦笋···········150克
葱···············1根
姜···············10克
辣椒··············1个
胡萝卜············10克
水···············30毫升

❌ 调味料

XO酱···········2大匙
白糖·············1小匙

❌ 做法

1. 葱洗净切段；姜洗净切片；辣椒洗净切片；胡萝卜洗净切片。
2. 芦笋切段，放入沸水中汆烫，再捞起泡冷水后，沥干备用。
3. 热锅，加入适量色拉油（材料外），放入葱段、姜片、辣椒片、胡萝卜片炒香，再加入芦笋段、水及所有调味料快炒均匀即可。

好吃关键看这里

绿色青菜常在汆烫后捞起泡冷水（或泡冰水），可防止菜色变黑，以保持翠绿，并增加清脆的口感。

火腿蒸白菜心

❌材料

金华火腿·········· 40克
白菜心············· 400克
姜末······················5克
鸡高汤·········100毫升

❌调味料

盐··················1/4小匙
白糖··············1/4小匙

❌做法

1. 金华火腿放入沸水中氽烫，捞出沥干水分，切丝备用。
2. 将白菜心洗净，放入沸水中氽烫约1分钟，取出沥干水分后装盘。
3. 在做法2盘中铺上火腿丝、姜末，再均匀撒上盐及白糖，并淋上鸡高汤，移入蒸笼以中火蒸约15分钟后取出即可。

好吃关键看这里

白菜心含有很高的水分，如果直接煮，煮出来的水分会稀释火腿的鲜味，所以要先氽烫，让白菜心软化并流出多余的水分，再加入高汤与金华火腿同蒸，味道才会鲜美。

凉拌白菜心

❌材料

白菜心·········· 150克
红辣椒·················1个
蒜味花生仁······ 1/4杯
葱·······················1根
香菜·····················1把

❌调味料

白醋··················1/4杯
白糖··················1/4杯
盐··················1/2小匙
香油··················2大匙

❌做法

1. 白菜心洗净切细丝，泡水沥干备用。
2. 红辣椒洗净切粒；葱洗净切细丝；香菜洗净切段，备用。
3. 取盘放入白菜心丝、葱丝拌匀。
4. 将所有调味料及红辣椒粒调匀后倒入做法3的盘中。
5. 撒上蒜味花生仁及香菜段拌匀即可。

腐乳空心菜

材料
空心菜…………300克
蒜片………………10克
辣椒圈……………10克

调味料
豆腐乳……………25克
米酒………………2大匙
鸡精……………1/4小匙
白糖………………少许

做法
1. 将空心菜分成菜梗及菜叶，备用。
2. 将豆腐乳加入米酒捣散拌匀，备用。
3. 热锅，放入2大匙色拉油（材料外），加入蒜片、辣椒圈爆香，再加入腐乳米酒炒香，放入空心菜梗拌炒均匀，再放入空心菜叶及鸡精、白糖快炒均匀至入味即可。

好吃关键看这里
不易炒软的菜梗部分需先下锅拌炒，之后再放入易熟的菜叶炒匀，这样吃起来才会软硬一致、口感更好。

虾酱空心菜

材料
空心菜…………150克
蒜头………………2粒
红葱头……………2个
辣椒……………1/2个
水……………100毫升

调味料
虾米………………2大匙
虾酱………………2大匙
白胡椒粉…………少许

做法
1. 将空心菜洗净，切小段放入冷水中泡水备用，再加入1小匙的盐一起浸泡。
2. 将红葱头、蒜头、辣椒都洗净切片备用。
3. 取一个炒锅，倒入适量色拉油（材料外），先爆香红葱头片、蒜片、辣椒片，再加入水及所有调味料炒匀，最后加入空心菜一起翻炒均匀，加盖焖1分钟即可。

蚝油芥蓝

❌材料

芥蓝·············300克
红辣椒··········1/2个
凉开水··········1大匙

❌调味料

香菇素蚝油······2大匙
白糖············1/2大匙
香油············1小匙
辣椒末··········1小匙

❌做法

1. 红辣椒洗净切斜圈；芥蓝洗净切段，放入沸水中烫熟，捞起用凉开水浸泡。
2. 将芥蓝捞出挤干水分，摆盘备用。
3. 将凉开水和调味料混合均匀，淋在芥蓝上，再撒上红辣椒圈即可。

干贝芥菜

❌材料

芥菜心500克、高汤250毫升、干贝20克、姜末5克、小苏打粉1/2小匙

❌调味料

A 盐1/8匙、鸡精1/8匙

B 盐1/4匙、鸡精1/4匙、白糖1/2匙

C 水淀粉10毫升、色拉油1小匙

❌做法

1. 干贝放入小碗中，加入30毫升水泡20分钟，移入蒸笼中大火蒸至软透备用。
2. 芥菜心洗净，切小块，放入加了小苏打的1500毫升沸水中，小火氽烫约1分钟，取一块较厚的芥菜心，若能以手指掐破即可关火捞出。
3. 将捞出的芥菜心以少量的水持续冲约3分钟，去掉小苏打味后沥干水分备用。
4. 热锅倒入2大匙油烧热（材料外），放入姜末小火爆香，加入做法3的芥菜心和100毫升高汤调匀的调味料A炒约30秒钟，盛入盘中备用。
5. 另热一锅，加入剩余150毫升高汤和调味料B烧开，放入蒸好的干贝小火煮滚，以水淀粉勾芡，淋入1小匙色拉油，盛出淋在做法4的盘中即可。

清炒菠菜

❌材料

菠菜……………400克
葱…………………2根
蒜末……………2小匙
辣椒………………1根
水………………60毫升

❌调味料

盐…………………1小匙
鸡精……………1小匙
米酒……………1大匙

❌做法

1. 菠菜洗净，切成约5厘米长的段；葱洗净切段；辣椒洗净切圈，备用。
2. 热锅，倒入适量油（材料外），放入蒜末、葱段、辣椒圈爆香。
3. 加入波菜段、水及所有的调味料，以大火拌炒至菠菜变软即可。

银鱼炒苋菜

❌材料

银鱼仔50克、苋菜300克、蒜末15克、姜末5克、胡萝卜丝10克、热高汤150毫升

❌调味料

A 盐1/4小匙、鸡精1/4小匙、米酒1/2大匙、白胡椒粉少许

B 香油少许、水淀粉适量

❌做法

1. 银鱼仔洗净沥干；苋菜洗净切段，放入沸水中汆烫1分钟，捞出备用。
2. 热锅，倒入2大匙油（材料外），放入姜末、蒜末爆香，再放入银鱼仔炒香。
3. 加入苋菜段及胡萝卜丝拌炒均匀，加入热高汤、调味料A拌匀，以水淀粉勾芡，再淋上香油即可。

好吃关键看这里

苋菜因为带有些许的涩味，因此不管是炒还是做成汤，最好都加点水淀粉勾芡，让苋菜更滑嫩顺口。

香菇豆苗

❌材料

黄豆苗	200克
干香菇	50克
蒜头	2粒
姜片	2片
水	2杯

❌调味料

酱油	2大匙
白糖	1/2小匙
鸡精	1小匙
水淀粉	1大匙

❌做法

1. 黄豆苗洗净；干香菇泡发洗净，顶端划十字；蒜头、姜片洗净切末，备用。
2. 热锅，倒入少许油（材料外），爆香蒜末、姜末。
3. 加入黄豆苗拌炒均匀起锅摆盘。
4. 于做法3原锅中加入水和所有调味料，放入香菇以小火烧至收汁，以水淀粉勾芡。
5. 将做法4的酱汁淋在黄豆苗上即可。

辣炒茄子

✖ 材料
茄子················300克
葱················30克
蒜片················20克
辣椒················20克
水················30毫升

✖ 调味料
辣椒酱················1大匙
白糖················1小匙

✖ 做法
1. 茄子洗净切圆段，放入油锅（材料外）中略炸，捞起备用。
2. 将葱、辣椒洗净切圈，备用。
3. 热锅，放入1大匙色拉油（材料外），加入做法2的所有材料和蒜片爆香。
4. 放入炸过的茄子、水和所有调味料快炒均匀即可。

好吃关键看这里

　　茄子切开后，易氧化变色，所以可以用油炸的方式来使茄子保持色泽。不仅如此，茄子炸过后水分会减少，很适合干煸。

泰式炒茄子

✖ 材料
茄子················300克
辣椒圈··········1/4小匙
蒜末··············1/4小匙
香菜碎··············1小匙

✖ 调味料
鱼露················1大匙
米酒··············1/2大匙
椰糖··············1/2大匙

✖ 做法
1. 茄子洗净，切成长段后，放入热油锅（材料外）中，以中火略炸至变色，捞出沥干油分，备用。
2. 热锅，倒入适量油烧热（材料外），放入辣椒圈、蒜末以小火炒出香味，再加入茄子段和所有调味料拌炒均匀，最后加入香菜碎拌炒数下即可。

香油黄瓜

❌材料
小黄瓜…………300克
辣椒丝…………20克
蒜末……………1小匙

❌腌料
A 盐 …………1/2小匙
B 白醋…………1/2小匙
　白糖…………1/2小匙
　盐……………1/4小匙
　香油…………1大匙

❌做法
1. 小黄瓜洗净，切成长约5厘米的段，再直剖成细条。
2. 用调味料A的盐抓匀小黄瓜，腌渍约10分钟，再将小黄瓜冲水约2分钟，去掉咸涩味，沥干备用。
3. 将小黄瓜置于碗中，加入辣椒丝、蒜末及调味料B一起拌匀即可。

辣炒脆黄瓜

❌材料
小黄瓜…………250克
蒜头……………2粒
橄榄油…………1小匙

❌调味料
韩式辣椒酱……1大匙
水………………2大匙
白糖……………1/2小匙
盐………………1/4小匙

❌做法
1. 小黄瓜洗净切段；蒜头切片，备用。
2. 取不粘锅，热油（材料外）爆香蒜片。
3. 放入小黄瓜及所有调味料，拌炒均匀即可。

油焖苦瓜

✖材料
苦瓜····················· 1根
蒜头····················· 2粒
香菜叶················· 少许
水······················· 2杯

✖调味料
A 豆酱 ············· 1大匙
　淡色酱油······· 2大匙
　白糖 ············· 1大匙
B 鸡精············· 1/2小匙

✖做法
1. 苦瓜洗净，对半切开去籽，切块备用。
2. 豆酱剁碎；蒜头切碎，备用。
3. 热锅，加色拉油至六分满（材料外），将油热至150℃，放入苦瓜块炸至软化，捞起备用。
4. 锅中留少许油，爆香豆酱碎、蒜末。
5. 加入水、调味料A煮沸，放入苦瓜块，烧至收汁后以鸡精调味，撒上香菜叶即可。

好吃关键看这里
　　苦瓜去籽后，内部有一层薄膜可以去除，这样烹调后的苦瓜，苦味就没那么重了。而且这道料理冰镇后再食用另有一番特别的滋味。

梅汁苦瓜

✖材料
苦瓜····················· 1根
蒜头····················· 5粒
辣椒····················· 1个
白酸梅················· 5粒
水····················· $1\frac{1}{2}$杯

✖调味料
酱油················· 1/2杯
盐····················· 1小匙
味精················· 1小匙
白糖················· 1/2杯

✖做法
1. 蒜头切末；辣椒切片；白酸梅切碎，备用。
2. 将苦瓜洗净后，去瓤、去籽，再切去头尾，对半切开，以150℃油温快速过油备用（材料外）。
3. 起油锅，爆香蒜末、辣椒片，加入水和调味料，煮开后，放入苦瓜及酸梅碎，盖上锅盖，以中火煮3~5分钟，盛出待凉即可。

好吃关键看这里
　　将苦瓜放入冰箱冷藏4个小时取出食用，风味更佳！

青木瓜拌百香果酱

❌材料
青木瓜…………150克

❌腌料
盐………………1小匙
百香果酱………2大匙

❌做法
1. 青木瓜直接去皮后，清洗、去籽。
2. 将青木瓜切成薄片，加入所有腌料拌匀，腌渍1天至入味即可。

好吃关键看这里

　　用青木瓜做料理前，是不需要先清洗的，因为清洗后未拭干的水分会留在木瓜皮上，去皮时，青木瓜上的汁液会和水一同溅到手上，容易导致皮肤红肿、瘙痒、过敏。

凉拌青木瓜丝

❌材料
青木瓜…………1/4个
（约150克）
虾米……………1大匙
圣女果…………少许
炒香的花生仁（去膜）
　　……………1大匙
红辣椒……………1个
香菜……………少许
凉开水…………3大匙

❌调味料
椰糖……………1大匙
米醋……………3大匙
泰式鱼露………1大匙
柠檬汁…………1大匙

❌做法
1. 青木瓜去皮洗净切丝，漂水约10分钟，取出沥干水分，备用。
2. 圣女果洗净对半切开；红辣椒洗净切末；炒香的花生仁拍碎，备用。
3. 取一搅碗，放入青木瓜丝，再将凉开水与所有调味料混合均匀后淋入碗中，拌至青木瓜丝入味。
4. 将圣女果、红辣椒末、花生碎及虾米加入做法3中拌匀，盛盘后撒上香菜即可。

甜豆炒彩椒

❌材料

甜豆荚…………150克
蒜片……………10克
红甜椒…………60克
黄甜椒…………60克

❌调味料

盐………………1/4小匙
鸡精……………少许
米酒……………1大匙

❌做法

1. 甜豆荚洗净后去除头尾及两侧粗丝；红甜椒、黄甜椒洗净后去籽切条状，备用。
2. 热锅，倒入适量油（材料外），放入蒜片爆香。
3. 加入甜豆荚炒1分钟，再放入红、黄甜椒条炒匀，最后加入所有调味料拌炒均匀即可。

好吃关键看这里

甜豆荚一定要先摘除两侧的粗丝，吃起来才会鲜嫩。事先将豆类过油或氽烫，可以减少豆腥味。

毛豆炒萝卜干

❌材料

毛豆……………200克
萝卜干丁………50克
蒜末……………1/2小匙
红辣椒…………1个

❌调味料

白糖……………1/2小匙
酱油……………1大匙

❌做法

1. 将毛豆放入沸水中氽烫至外观呈翠绿色，捞起备用。
2. 热锅，加入适量色拉油（材料外）后，先放入萝卜干丁充分拌炒，再加入蒜末、红辣椒片和所有调味料拌炒至入味后，加入毛豆略拌炒即可。

椒盐鲜香菇

❌材料

鲜香菇…………200克
葱…………………3根
辣椒……………2根
蒜头……………5粒
淀粉……………3大匙

❌调味料

盐………………1/4小匙

❌做法

1. 鲜香菇切小块，泡水约1分钟后，洗净略沥干；葱、辣椒、蒜头切碎，备用。
2. 热油锅至约180℃（材料外），香菇撒上淀粉拍匀，放入油锅中，以大火炸约1分钟至表皮酥脆后立即起锅，沥干油分备用。
3. 在做法2的锅中留少许油，放入葱碎、蒜碎、辣椒碎以小火爆香，放入香菇、盐，以大火翻炒均匀即可。

葱爆香菇

❌材料

鲜香菇…………150克
小葱段…………100克
水………………1大匙

❌调味料

甜面酱…………1小匙
酱油……………1/2大匙
蚝油……………1大匙
味酥……………1大匙

❌做法

1. 鲜香菇洗净切块，所有调味料加水混合均匀，备用。
2. 热锅，倒入适量油（材料外），放入鲜香菇，煎至表面上色后取出，再放入小葱段，炒香后取出，备用。
3. 将做法1混合的调味料倒入做法2锅中煮沸，再放入香菇充分炒至入味，最后放入炒香的小葱段炒匀即可。

笋片炒香菇

※材料

鲜香菇··········100克
竹笋··············50克
胡萝卜片········20克
姜片··············10克
葱··················1根
水················50毫升

※调味料

黄豆酱··········1小匙
破布子··········1小匙
白糖··············1小匙

※做法

1. 鲜香菇、竹笋洗净切片，放入沸水中余烫；葱洗净切段，备用。
2. 热锅，加入适量色拉油（材料外），放入姜片、胡萝卜片炒香，再加入做法1的材料、水及所有调味料快炒均匀即可。

好吃关键看这里

　　鲜香菇富含水分，吃起来口感非常滑嫩，在拌炒的时候千万别炒太久，以免水分流失，口感与风味变差。

香菇烩冬笋

※材料

泡发香菇········50克
竹笋··············100克
上海青··········200克
姜末··············5克
水··················3大匙

※调味料

盐··················少许
蚝油··············2大匙
白糖··············1/2小匙
白胡椒粉········1/4小匙
水淀粉··········1小匙
香油··············1小匙

※做法

1. 泡发香菇洗净去蒂切小块；竹笋去壳洗净切滚刀块；上海青洗净放入沸水中余烫30秒后沥干，备用。
2. 热锅，倒入少许色拉油（材料外），放入上海青，加入少许盐，略翻炒后取出装盘备用。
3. 于做法2锅中再倒入少许色拉油（材料外），放入姜末以小火爆香，再放入竹笋块及香菇块略炒香，加入蚝油、水、白糖及白胡椒粉。
4. 以小火煮约1分钟，待汤汁收至略干后以水淀粉勾芡，再洒上香油，装入做法2盘中即可。

干贝蒸菇

❌材料
柳松菇…………150克
干贝………………2颗

❌调味料
料酒……………… 1小匙
香菇酱油……… 1小匙

❌做法
1. 柳松菇洗净去除根部，放入沸水中汆烫约5秒钟后沥干，盛入盘中备用。
2. 干贝用50毫升水泡20分钟后移入蒸笼，大火蒸至软透，剥丝连汤汁一起加入做法1的盘中，淋上料酒及香菇酱油后封上保鲜膜，再次移入蒸笼，大火蒸约5分钟即可。

好吃关键看这里
干贝入菜前可以先泡冷水还原，不仅口感好，风味也更容易释出。另外也可以通过蒸来快速还原，但是记得蒸出来的汤汁别丢弃，这可是干贝的精华！

彩椒杏鲍菇

❌材料
杏鲍菇…………… 50克
红甜椒……………10克
黄甜椒……………10克
青椒………………10克
姜…………………5克

❌调味料
盐…………… 1小匙
白糖…………1/2小匙
鸡精…………1/2小匙

❌做法
1. 将所有材料都洗净切条（姜切丝）备用。
2. 热锅，倒入少量油（材料外），放入姜丝爆香。
3. 加入除姜丝之外的其余材料炒匀，再加入所有调味料炒熟即可。

好吃关键看这里
杏鲍菇容易吸收油分，因此千万不要加太多油去拌炒，否则吃起来会比较油腻。

椒盐杏鲍菇

⊠材料

杏鲍菇…………300克
香菜梗……………5克
辣椒………………5克
姜…………………5克
地瓜粉……………适量

⊠调味料

A 味精……………少许
　盐………………少许
　胡椒粉…………少许
B 胡椒盐…………少许

⊠做法

1. 香菜梗、辣椒、姜洗净切末，备用。
2. 杏鲍菇洗净切块，放入沸水中快速汆烫，捞出沥干水分，备用。
3. 将调味料A拌匀，均匀蘸裹在杏鲍菇块上，再蘸上地瓜粉；热油锅至油温约160℃（材料外），放入杏鲍菇块炸至上色，捞出沥油，备用。
4. 热锅，倒入少许葵花籽油（材料外），爆香姜末，放入香菜梗末、辣椒末炒香，再放入杏鲍菇块拌炒均匀即可。食用时可依个人喜好，搭配少许胡椒盐。

蚝油鲍鱼菇

⊠材料

鲍鱼菇…………120克
上海青…………150克
姜末………………10克
高汤…………80毫升

⊠调味料

A 蚝油……………2大匙
　白胡椒粉…1/4小匙
　绍兴酒…………1大匙
B 盐………………少许
　水淀粉…………1小匙
　香油……………1大匙

⊠做法

1. 鲍鱼菇洗净切斜片；上海青洗净去尾段后剖成4瓣，备用。
2. 烧一锅水，将鲍鱼菇及上海青分别入锅汆烫约5秒后冲凉沥干备用。
3. 热锅，放入少许油（材料外），将上海青下锅，加入盐炒匀后起锅，围在盘上装饰备用。
4. 热锅，倒入1大匙油（材料外），以小火爆香姜末，放入鲍鱼菇、高汤及调味料A，以小火略煮约半分钟后，以水淀粉勾芡，洒上香油拌匀，装入做法2盘中即可。

干锅柳松菇

材料

柳松菇…………220克
干辣椒……………3克
蒜片……………10克
姜片……………15克
芹菜……………50克
蒜苗……………60克
香菜……………少许
水……………80毫升

调味料

蚝油……………1大匙
辣豆瓣酱………2大匙
白糖……………1大匙
米酒……………30毫升
水淀粉…………1大匙
香油……………1大匙

做法

1. 柳松菇洗净切去根部；芹菜洗净切小段；蒜苗洗净切段；干辣椒洗净切末备用。
2. 热油锅至约160℃（材料外），柳松菇下油锅炸至干香后起锅沥油备用。
3. 做法2锅中加少许油（材料外），以小火爆香姜片、蒜片、干辣椒末，加入辣豆瓣酱炒香。
4. 加入柳松菇、芹菜段及蒜苗段炒匀，放入蚝油、白糖、米酒及水，以大火炒至汤汁略收干，以水淀粉勾芡后淋上香油，盛入砂锅，撒上香菜即可。

麻婆金针

材料

金针菇…………200克
嫩豆腐…………200克
黑珍珠菇………50克
葱花……………适量
蒜末……………适量
姜末……………适量
水……………150毫升

调味料

辣豆瓣酱………1/2大匙
甜面酱…………1大匙
酱油……………1大匙
味醂……………1大匙

做法

1. 金针菇洗净去蒂切小段；嫩豆腐切粗丁；黑珍珠菇洗净切小段，备用。
2. 热锅，倒入适量油（材料外），放入姜末、蒜末炒香，加入水及所有调味料煮沸。
3. 加入嫩豆腐丁、金针菇、黑珍珠菇段烧煮入味，再撒上葱花即可。

热门
肉类料理 篇

本篇收录了广受好评的各式肉类料理，
有鸡肉、鸭肉、猪肉、牛肉、羊肉，
配上炒、煮、炸、拌、卤、烤等各式烹调法，
让无肉不欢的你，
吃个饱，过足瘾！

切肉 秘诀大公开

切片——逆纹切

想要切肉片，切的时候就要逆着肉纹来切，这样原来顺着排列的纤维就会被切断，烹调的时候就不会因高温而紧缩变小。

切丝、切条——顺纹切

想要将肉切成肉丝或肉条时，要顺着肉纹来切，刚好和切片的手法相反。将肉这样切成丝或条，能够将肉原本顺着排列的纤维，以顺向的方式来分离成一丝一丝的细纹丝，且并不破坏肉中原有的组织形式，因此烹调的时候，这些细纹丝就不会因加热过程而改变原来的方向，也就不会造成肉丝或肉条的破裂，从而能保持肉丝或肉条的完整性。

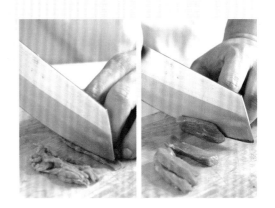

切块——滚刀块

肉类除了切片、切丝或切条，较为常见的就是切块。要将肉类切成块状，首先肉块不能过于狭小，否则在烹调的时候，容易导致肉汁流失或肉松散的窘况，而过大的肉块也会花费更长的时间来烹煮且不易入口，因此切成小块的肉块，以约4厘米见方的块状较为适合。

腌肉 秘诀大公开

鲜嫩多汁的湿腌法

水分较多的酱汁能让味道渗透到肉的纤维中，从而腌渍出够味又鲜嫩多汁的口感。

保存方法：

腌料拌匀在一起即成为腌酱汁，通常在腌肉或鱼时，会存放在冰箱的冷藏室中冷藏，腌好的食材如果都烹煮完的话，最好酱汁就不要了，因为通常腌制的都是生鲜的食材，重复利用会不太卫生。

够味不抢风采的干腌法

干腌法是在肉表面抹上腌料然后腌制的一种方法，腌制出的口感很饱满。

保存方法：

用于干腌法的腌料，大多比较少量也比较干，多数在烹调时就使用完毕，若有已腌制好的食材剩余，那么最好以干净的袋子或是盘子密封好，放入冰箱冷藏室冷藏，并且尽快烹煮完毕。

别具风味的酱腌法

酱腌除了能保存食材的美味，在烹饪的过程中更能利用其香味提升食材的美味。

保存方法：

酱腌的盐分是相当足够的，通常在让食材均匀涂上腌酱后，放入密封盒中密封，置入冰箱的冷藏室，就可以保存比较久的时间，但是最好是尽快烹调完，若腌酱如未使用完毕也没碰到水分，就可以再放入同样的食材继续腌渍。

冰糖卤肉

✖材料

五花肉…………… 400克
小葱……………… 30克
姜………………… 20克
上海青…………… 200克
水……………… 1000毫升

✖调味料

A 酱油 ………100毫升
  冰糖…………3大匙
  绍兴酒………2大匙
B 水淀粉…………1大匙
  香油…………1小匙

✖做法

1. 五花肉洗净，放入沸水中汆烫约2分钟，捞出沥干水分；上海青洗净，菜叶切去尾部后再对切；葱洗净切段；姜洗净拍松备用。
2. 取锅，将葱段和姜放在锅底，放入五花肉，加入水及调味料A以大火煮至滚沸，改转小火炖煮约1个小时，待汤汁略收干后关火，挑除葱段和姜。
3. 将做法2锅中食材倒入碗中，放入蒸笼蒸约1个小时后关火备用。
4. 将上海青烫熟后铺在盘底，放上蒸好的五花肉。另将碗中的汤汁煮至滚沸后以水淀粉勾芡，加入香油调匀后淋至盛盘的五花肉上即可。

客家封肉

✖材料

五花肉…………… 1块
(约15厘米见方)
蒜头(带皮)………5粒

✖调味料

酱油……………… 1杯
米酒……………… 1杯
冰糖……………… 少许

✖做法

1. 将五花肉表面的细毛去除，再用菜刀将猪皮刮净，最后清洗一下备用。
2. 将五花肉下方翻转过来，用刀划十字形，划到五花肉厚度的一半处即可，不可将五花肉切断，再将切过的那一面往下，放入深皿中。
3. 起油锅，将蒜头洗净稍微爆香后，也放入深皿。
4. 用炒锅烧开水，放上蒸架后，将深皿摆上，盖上锅盖，转小火蒸4~5个小时即可。

好吃关键看这里

封肉是客家菜的代表之一，将五花肉蒸4~5个小时，便能达到入口即化的效果。封肉虽富含油脂，但吃起来并不会让人感觉油腻，反而软绵可口，深得人心。

腐乳烧肉

材料

五花肉…………400克
上海青…………200克
葱………………30克
姜………………20克
水…………1000毫升

调味料

A 红腐乳…………40克
  酱油…………100毫升
  白糖…………3大匙
  绍兴酒………2大匙
B 水淀粉………1小匙
  香油…………1小匙

做法

1. 煮一锅水至沸腾，将整块五花肉放入沸水中汆烫约2分钟去血水后备用；上海青洗净，先切去尾部再对切；葱切小段；姜拍松，备用。
2. 取一锅，将葱段、姜铺在锅底，放入五花肉，再加入水及调味料A拌匀。盖上锅盖以大火煮滚后，再转小火煮约1.5个小时，至汤汁略收干后挑去葱段、姜。
3. 取一锅，将上海青放入沸水中烫熟后捞起沥干铺在盘底，再将五花肉排放至上海青上。
4. 将做法2的汤汁煮至滚，加入水淀粉勾芡，洒上香油后，淋在五花肉上即可。

CHAPTER3 热门肉类料理篇

77

红烧肉

✖ 材料

五花肉600克、青蒜2根、辣椒1个、水800毫升

✖ 调味料

酱油3大匙、蚝油3大匙、白糖1大匙、米酒2大匙

✖ 做法

1. 五花肉洗净，切适当大小（见图1），放入油锅中略炸至上色后，捞出沥油备用（见图2）。

2. 青蒜切段，分成蒜白、蒜尾备用；辣椒切段备用。

3. 热锅，加入2大匙色拉油（材料外），爆香蒜白、辣椒段，再放入五花肉块与所有调味料拌炒均匀，并炒香（见图3）。

4. 于做法3中加入800毫升水（注意水量需盖过肉）煮滚（见图4），盖上锅盖，再转小火煮约50分钟，至汤汁略收干，最后加入蒜尾烧至入味即可（见图5）。

好吃关键看这里

带皮的猪肉事先油炸之后，不但可以将多余的油脂逼出，还可以使肉质收缩且具有弹性，并能防止在炖煮过程中散开。

苦瓜烧肉

材料

五花肉…………300克
苦瓜………………1根
葱…………………10克
姜…………………10克
红辣椒……………10克
八角………………2粒
水……………800毫升

调味料

咸冬瓜……………1大匙
酱油………………2大匙
鸡精………………1小匙
白糖………………1小匙
料酒………………1大匙
香油………………1大匙

做法

1. 五花肉洗净切块，放入油锅以中火爆炒至肉色变白且干香后，取出沥油；苦瓜洗净，去籽切块，备用。
2. 葱、姜、红辣椒及八角放入做法1油锅中，利用猪油爆香，再加入五花肉块、苦瓜块、水及所有调味料焖煮30分钟即可。

好吃关键看这里

把苦瓜内的白膜刮除干净，能减少苦涩味。

蒜苗五花肉

材料

五花肉…………150克
蒜苗………………50克
辣椒………………10克
竹笋………………20克

调味料

酱油………………1大匙
白糖………………1小匙
米酒………………1大匙
水淀粉……………1小匙

做法

1. 五花肉切薄片备用。
2. 蒜苗切段、辣椒切片、竹笋切片，备用。
3. 起油锅，放入1大匙色拉油（材料外），加入五花肉片爆炒至八分熟。
4. 放入做法2的所有材料和所有调味料（除水淀粉外）快炒均匀，最后加入水淀粉勾芡即可。

CHAPTER 3 热门肉类料理篇

79

五香咸猪肉

✖材料
五花肉…………600克
姜………………40克
蒜末……………20克
蒜苗丝…………50克
红辣椒丝…………适量

✖腌料
盐………………1大匙
白糖……………1小匙
料酒……………50毫升
五香粉…………1小匙
肉桂粉…………1小匙
干草粉…………1小匙

✖做法
1. 姜拍松；五花肉洗净切片，与姜、蒜末及所有腌料腌约2天。
2. 热锅，倒入少许色拉油（材料外），放入五花肉片，以小火煎至呈金黄色后取出摆盘，再放上蒜苗丝、红辣椒丝装饰即可。

好吃关键看这里

　　腌肉的时间要够才易入味，若赶时间，调味的比例可再多一些，但至少要腌渍1天。

泡菜炒肉片

⊠材料
猪腿肉…………100克
韩式泡菜（切片）
…………………150克
葱…………………1根

⊠腌料
酱油……………1小匙
淀粉……………1小匙
香油……………1小匙

⊠调味料
白糖……………1小匙
米酒……………1大匙
香油……………1小匙

⊠做法
1. 猪腿肉洗净、切片，加入腌料抓匀，腌渍约10分钟后，过油，备用；葱洗净切段。
2. 热锅，加入适量色拉油（材料外），放入葱段、泡菜炒香，再加入猪腿肉片及所有调味料快炒均匀即可。

酱爆肉片

⊠材料
猪里脊肉150克、小黄瓜60克、葱10克、水2大匙、姜10克

⊠腌料
酱油1小匙、料酒1大匙、淀粉1小匙、香油1小匙

⊠调味料
甜面酱1小匙、白糖1小匙、酱油1小匙、番茄酱1大匙、香油1小匙、水淀粉1小匙

⊠做法
1. 小黄瓜洗净，切滚刀块；葱切段；姜切片，备用。
2. 猪里脊肉洗净，切成约0.3厘米的薄片，加入所有腌料抓匀，腌渍约10分钟；将水和所有调味料调匀成调味酱，备用。
3. 热锅，倒入适量色拉油（材料外），放入里脊肉片爆炒至肉色变白，捞起沥干油。
4. 于做法3锅中放入葱段、姜片、小黄瓜块，以中小火拌炒1分钟，再放入猪里脊肉片及调味酱拌匀即可。

回锅肉

材料

五花肉250克、豆干100克、高汤3大匙、竹笋30克、青椒30克、辣椒1/2个、圆白菜30克、蒜苗20克

调味料

A 辣豆瓣酱1大匙、甜面酱1小匙、白糖1小匙、酒1大匙

B 香油1/2小匙、水淀粉1小匙

做法

1. 五花肉以250毫升沸水汆烫约15分钟后，切片备用。
2. 热一锅，放入1小匙油（材料外），将五花肉爆炒约1分钟后取出备用。
3. 豆干洗净切片；竹笋洗净切片；辣椒洗净切片；青椒洗净切片；圆白菜洗净切块；蒜苗洗净切段，备用。
4. 热锅，放入1小匙油（材料外），放入做法3的所有材料炒香，再加入调味料A炒香后，加入五花肉炒匀。
5. 起锅前以水淀粉勾薄芡，再加入香油即可。

糖醋里脊

材料

猪后腿肉·······250克
洋葱············50克
青椒············50克
水··············3大匙

调味料

A 淀粉··········1大匙
  料酒········1/2小匙
  盐···········1/8小匙
  蛋液··········1大匙
B 白醋··········3大匙
  番茄酱········2大匙
  白糖··········4大匙
  水淀粉········1小匙
  香油··········1小匙

做法

1. 猪后腿肉切成约2厘米见方的肉块，再加入调味料A抓匀；洋葱切片；青椒洗净去籽后切片，备用。
2. 锅烧热，倒入约2碗色拉油（材料外），待油热后将猪后腿肉块均匀地蘸裹上淀粉（材料外）再下锅，以中小火炸约3分钟至金黄酥脆后捞起沥干。
3. 另热一锅，倒入少许色拉油（材料外），放入青椒片及洋葱片炒香，加入白醋、番茄酱、白糖及水，煮开后用水淀粉勾芡，倒入猪后腿肉块拌炒均匀、洒上香油即可。

川味三色肉片

⊠ 材料

猪腿肉片150克、榨菜30克、小黄瓜30克、竹笋20克、胡萝卜10克、葱10克、辣椒10克、水50毫升

⊠ 调味料

盐1/2小匙、白糖1小匙、鸡精1小匙、花椒粉1/2小匙

⊠ 腌料

酱油、白胡椒粉、香油、淀粉各适量

⊠ 做法

1. 将榨菜、小黄瓜、竹笋、胡萝卜切片，放入沸水中氽烫捞起；辣椒切片，葱切段备用。
2. 将猪腿肉片加入所有腌料拌匀，腌渍10分钟备用。
3. 热锅关火，放入200毫升油（材料外），加入腌肉片过油，捞起备用。
4. 将做法3锅中的油留1大匙，其余倒出，热锅后加入做法1的所有材料爆香，再放入猪腿肉片、水和所有调味料快炒均匀即可。

竹笋炒肉丝

⊠ 材料

猪肉丝120克、竹笋50克、青椒10克、辣椒10克、葱10克、蒜头2粒

⊠ 调味料

盐1/2小匙、酱油1/2小匙、鸡精1/2小匙、白糖1小匙、水淀粉10毫升

⊠ 腌料

酱油、白胡椒粉、香油、淀粉各适量

⊠ 做法

1. 竹笋切丝、青椒切丝；葱切段、辣椒切丝，蒜头切片，备用。
2. 将猪肉丝加入所有腌料拌匀，腌渍10分钟备用。
3. 热锅关火，放入200毫升冷油（材料外），加入腌肉丝过油，捞起备用。
4. 将做法3锅中的油留1大匙，其余倒出，热锅后加入葱段、辣椒丝、蒜片爆香，再放入竹笋丝、青椒丝、做法3的肉丝和所有调味料（除水淀粉外）快炒均匀，最后加入水淀粉勾芡即可。

CHAPTER 3 热门肉类料理篇

京酱肉丝

✖ 材料
猪肉丝	150克
葱段	50克
蒜末	5克
葱丝	少许
水	50毫升

✖ 腌料
酱油	适量
白胡椒粉	适量
香油	适量
淀粉	适量

✖ 调味料
A	甜面酱	1大匙
	番茄酱	1小匙
	白糖	1大匙
	鸡精	1小匙
	米酒	1大匙
B	香油	1小匙
	水淀粉	1大匙

✖ 做法
1. 将葱段泡水捞起，摆盘备用。
2. 将猪肉丝加入所有腌料拌匀，腌10分钟备用（见图1）。
3. 热锅关火，放入200毫升冷油（材料外），加入腌肉丝过油，捞起备用（见图2）。
4. 将做法3锅中的油倒掉留1大匙油，热锅后加入蒜末爆香，再放入水和调味料A炒香（见图3）。
5. 放入做法3的肉丝（见图4），加调味料B勾芡，再放至做法1的盘中，撒上葱丝即可。

①

②

③

④

鱼香肉丝

❌材料
猪肉丝············120克
葱·················30克
蒜末·················5克
黑木耳（湿）·····5克
水·················50毫升

❌调味料
辣椒酱············1大匙
白糖··············1小匙
香油··············5毫升
辣油··············5毫升
水淀粉············30毫升

❌腌料
酱油··················适量
白胡椒粉············适量
香油··················适量
淀粉··················适量

❌做法
1. 将葱、黑木耳切末备用。
2. 将猪肉丝加入所有腌料拌匀，腌渍10分钟备用。
3. 热锅关火，放入200毫升油（材料外），加入腌猪肉丝过油，捞起备用。
4. 将做法3锅中的油留1大匙，其余倒掉，热锅后加入做法1的材料和蒜末爆香，再放入做法3的猪肉丝、水和所有调味料快炒均匀即可。

木须肉

❌材料
鸡蛋2个、猪肉丝150克、黑木耳（湿）1朵、韭黄150克、蒜头2粒

❌腌料
白糖1/8小匙、盐1/8小匙、料酒1小匙、蛋清1/2匙、淀粉1大匙

❌做法
1. 蒜头切碎；黑木耳切丝；韭黄切段；鸡蛋打散成蛋液，备用。
2. 猪肉丝以腌料抓匀，腌渍20分钟备用。
3. 热锅，加入1杯油（材料外），冷油放入猪肉丝，以大火快速拌开至肉变色，捞起沥油备用。
4. 将蛋液倒入做法3的油锅中，待蛋稍凝固，捞起沥油备用。
5. 做法4的锅中留少许油，爆香做法1的蒜碎，再加入黑木耳丝、韭黄段拌炒均匀。
6. 加入肉丝拌炒，起锅前将蛋加入，拌炒均匀即可。

椒盐排骨

❌材料

猪排骨…………500克
蒜碎……………100克
辣椒………………2个

❌调味料

A 小苏打粉 …1/4小匙
　料酒……………1小匙
　淀粉…………2大匙
　盐……………1/4小匙
　蛋清…………1大匙
B 盐……………1/2小匙
　鸡精…………1/2小匙

❌做法

1. 猪排骨洗净剁小块，备用。
2. 取80克蒜碎加50毫升水（材料外）打成汁，与调味料A拌匀，放入猪排骨腌渍约30分钟；另20克蒜碎备用，辣椒切碎，备用。
3. 热锅，加入500毫升油（材料外）烧热至160℃，将猪排骨用中火炸约12分钟，至表面微焦后捞起沥油。
4. 倒掉锅中的油，留底油用小火爆香蒜碎及辣椒碎，倒入猪排骨、盐、鸡精，拌炒均匀即可。

京都排骨

材料

猪排骨500克、熟白芝麻少许、香芹碎少许、水100毫升

调味料

A 盐1/4小匙、白糖1小匙、料酒1大匙、蛋清1大匙、小苏打1/8小匙
B 低筋面粉1大匙、淀粉1大匙、色拉油2大匙、
C A1酱1大匙、梅林辣酱油1大匙、白醋1大匙、番茄酱2大匙、白糖5大匙
D 水淀粉1小匙、香油1大匙

做法

1. 猪排骨剁小块洗净,用50毫升水和调味料A拌匀腌渍约20分钟后,加入低筋面粉及淀粉拌匀,再加入色拉油略拌备用。
2. 热锅,倒入约400毫升油(材料外),待油温烧热至约150℃,将猪排骨下锅,以小火炸约4分钟后起锅沥油备用。
3. 另热一锅,倒入50毫升水和调味料C,以小火煮滚后用水淀粉勾芡。
4. 于做法3中加入猪排骨,迅速翻炒至芡汁完全被猪排骨吸收后熄火,加入香油及熟白芝麻拌匀,撒上香芹碎即可。

无锡排骨

📧材料
猪小排500克、葱20克、姜片25克、上海青300克、红曲1/2小匙、水600毫升

📧调味料
A 酱油100毫升、白糖3大匙、米酒2大匙
B 水淀粉1大匙、香油1小匙

📧做法
1. 猪小排剁成长约8厘米的小块；上海青洗净后切小条；葱切小段；姜片拍松，备用。
2. 热油锅，待油温烧热至约180℃（材料外），将做法1的猪小排入锅，炸至表面微焦后沥油备用。
3. 将600毫升水烧开，加入红曲，放入猪小排，再放入葱段、姜片、水及调味料A，待再度煮沸后，转小火盖上锅盖，煮约30分钟水收干刚好淹到排骨时熄火，挑去葱姜，将排骨排放至小一点的碗中，并倒入适量的汤汁，放入蒸锅中，以中火蒸约1个小时后，熄火备用。
4. 将上海青烫熟后铺在盘底，并将蒸好的排骨汤汁倒出保留，再将排骨倒扣在上海青上。
5. 将排骨汤汁煮开，以水淀粉勾芡，洒上香油后淋至排骨上即可。

豉汁蒸排骨

❌材料

猪排骨············300克
蒜末············1大匙
豆豉············1大匙
陈皮末（泡软）1/2小匙
葱花············1小匙
色拉油············1大匙

❌调味料

蚝油·············1大匙
酱油·············1小匙
白糖·············1小匙
盐·············1/2小匙

❌做法

1. 猪排骨剁小块，置于水龙头下冲水至凉透去腥，再沥干；豆豉泡水10分钟后沥干、切碎，备用。
2. 热锅加色拉油，放入蒜末以小火炸至金黄，再放入豆豉碎、陈皮末略炒后取出，与所有调味料拌匀，再加入猪排骨腌渍约30分钟后，放入蒸笼中，蒸约20分钟后取出，撒上葱花即可。

CHAPTER3 热门肉类料理篇

89

芋头蒸排骨

材料
猪排骨300克、芋头230克、红辣椒2个、蒜碎80克、葱少许、水20毫升

调味料
盐1/2小匙、鸡精1/2小匙、白糖1小匙、淀粉1大匙、米酒1大匙、蚝油1大匙

做法
1. 红辣椒洗净去蒂及籽后切碎；芋头去皮后洗净切块；备用。
2. 热锅倒入约100毫升色拉油（材料外）烧热至约150℃，放入芋头块以小火炸约1分钟至表面变硬后，捞起备用。
3. 蒜碎放入大碗中，冲入约50毫升烧热的色拉油（材料外）拌匀成蒜油备用。
4. 猪排骨剁成小块，冲洗掉血水后沥干放入大盆中，加入水、调味料及红辣椒碎充分搅拌均匀至水分被吸收，加入蒜油拌匀备用。
5. 将芋头块平铺在盘中，再放上做法4的排骨，移入蒸笼大火蒸约20分钟即可。

香烤子排

材料
猪小排600克、香芹碎少许

腌料
蒜头5粒、番茄酱2大匙、酱油2大匙、米酒1小匙、白糖1大匙

做法
1. 蒜头拍碎备用；猪小排切成约8厘米长的段洗净，加入所有腌料拌均匀，并用竹签在排骨肉上戳几个洞，腌渍40分钟至入味。
2. 于烤箱最底层铺上铝箔纸，并开180℃预热；将腌渍的猪小排在烤架上一支支排开送入烤箱，烤的过程中可取出2~3次刷上腌料，烤约25分钟至肉呈亮红色时取出，撒上香芹碎即可。

好吃关键看这里
烤肉时由于没有水蒸气的滋润，肉质很容易收缩而变得干涩，因此最好选择带有油花的部分，例如胛心肉、肋排肉等，让肉上原有的油脂在遇到高温时融化释出，这样烤过后能维持肉质的滑嫩与弹性，吃起来口感较佳。

港式叉烧

❌材料
梅花肉·················400克
姜片·····················30克
蒜头·······················2粒
红葱头···················30克
小葱·······················1根
香菜根···················4根
生菜····················适量

❌调味料
甜面酱················1大匙
盐·······················1小匙
白糖····················3大匙
米酒····················3大匙
芝麻酱················1小匙
酱油····················1小匙

❌做法
1. 将梅花肉切成适当大小的块状后泡水15分钟，沥干（见图1）。
2. 小葱切段，与姜片、蒜头、红葱头、香菜根及调味料抓匀成腌汁备用（见图2~3）。
3. 将梅花肉块加入腌汁中拌匀（见图4），静置2小时后取出。
4. 将腌好的梅花肉块放入烤箱，以180℃烤20分钟，再取出切片；生菜洗净，放盘底，将切好的梅花肉块放在生菜上即可。

CHAPTER 3 热门肉类料理篇

蔬菜珍珠丸

❎材料
猪肉泥…………100克
胡萝卜…………10克
青豆仁…………10克
大米……………1/4杯
芹菜叶…………少许

❎调味料
盐………………1小匙
鸡精…………1/2小匙
香油……………1小匙
白胡椒粉……1/2小匙

❎做法
1. 胡萝卜去皮切细丝；大米浸泡入清水中10分钟再沥干，备用。
2. 猪肉泥拌入胡萝卜丝、青豆仁及所有调味料，拌至有黏性。
3. 将做法2的猪肉泥揉搓成数个大小相同的肉丸子，蘸裹上大米。
4. 将肉丸子放入蒸锅中，以大火蒸约12分钟，放上芹菜叶即可。

好吃关键看这里
大米一定要泡水，否则蒸起来会很干硬。这道菜做法也可以将肉丸子放入电锅中，外锅加上1/2杯水蒸至开关跳起即可。

蚂蚁上树

❌ 材料		❌ 调味料	
粉条	100克	A 豆瓣酱	2大匙
猪肉泥	120克	B 酱油	少许
蒜末	10克	白糖	少许
姜末	10克	鸡精	1/4小匙
辣椒末	10克	盐	少许
葱末	10克	米酒	1/4小匙
水	120毫升		

❌ 做法

1. 将粉条泡软后对切，备用。
2. 热锅，加入2大匙色拉油（材料外），爆香姜末、蒜末，再加入猪肉泥炒至变色，接着放入辣椒末、葱末、豆瓣酱炒香。
3. 于做法2的锅中再加入粉条、水、调味料B，炒至入味收汁均匀即可。

好吃关键看这里

粉条先炒均匀，再用大火快速翻炒、炒出香味，最后要炒到收汁才会入味。

麻辣耳丝

❌ 材料

A 猪耳朵1副（约300克）、蒜苗1根
B 八角2粒、花椒1小匙、葱1根、姜10克、水1500毫升

❌ 调味料

辣油汁2大匙、盐1大匙

❌ 做法

1. 材料B混合，加盐煮至沸腾，放入猪耳朵以小火煮约15分钟，取出冲凉开水至凉。
2. 将猪耳朵切斜薄片，再切细丝；蒜苗切细丝，备用。
3. 将猪耳丝及蒜苗丝加入辣油汁拌匀即可。

辣油汁

材料：
盐15克、味精5克、辣椒粉50克、花椒粉5克、色拉油120克

做法：
1. 将辣椒粉与盐、味精拌匀备用。
2. 色拉油烧热至约150℃后倒入辣椒粉中，并迅速搅拌均匀。
3. 加入花椒粉拌匀即可。

红烧猪蹄

✖材料
猪蹄······1个
（约1000克）
葱······1根
姜······2片
桂皮······1片
八角······2颗
香菜叶·········少许
水······8杯

✖调味料
A 白糖······1/4杯
　米酒······1/4杯
　酱油······1/2杯
B 味醂······2大匙

✖做法
1. 猪蹄洗净，切成适当长的段，放入沸水中氽烫去除血水。
2. 取一锅水，放入氽烫过的猪蹄，煮约20分钟，取出沥干备用。
3. 取锅，放入所有材料（猪蹄和香菜除外）、水及调味料A煮至沸腾。
4. 放入猪蹄煮至滚沸后，转小火继续煮约60分钟。
5. 加入味醂后以小火煮至略为收汁，撒上香菜叶即可。

红烧蹄筋

✖材料
猪蹄筋（泡发）300克、竹笋2根、胡萝卜200克、蒜头2粒、水2杯

✖调味料
酱油2大匙、白糖1大匙、盐少许

✖做法
1. 蒜头切碎；竹笋及胡萝卜去皮切滚刀块，备用。
2. 笋块及胡萝卜块放入沸水中氽烫去涩备用。
3. 热锅，加少许油（材料外），油热后爆香蒜碎，再放入蹄筋拌炒均匀。
4. 加入水和调味料煮沸，改小火焖约25分钟。
5. 加入笋块及胡萝卜块，继续焖15分钟至收汁即可。

好吃关键看这里
如果只有干燥的猪蹄筋，可以用温水浸泡一夜，再隔水加热约4个小时，然后用冷水浸泡2个小时，最后剥去外层的膜即可。蹄筋很难入味，所以必须用小火长时间焖，才能充分入味。

醉元宝

✖材料
猪蹄（前腿肉）550
克、小葱2根、姜片5
克、水600毫升

✖调味料
花雕酒200毫升、人
参须1根、枸杞子1大
匙、红枣20克、冰糖
1小匙、盐少许

✖做法
1. 猪蹄洗净，放入沸水中快速汆烫过水，再放入锅
   中煮约50分钟至熟且软，备用。
2. 取锅，加入小葱、姜片、水和所有调味料搅拌
   均匀，再移至燃气炉上加热，煮约10分钟至出
   味后熄火，放入煮软的猪蹄浸泡冷藏约8个小时
   即可。

好吃关键看这里

可以于做法2中，将所有调味料与猪蹄
一起加热10分钟，这样能让猪蹄更入味，且
更快软化。

嫩炒韭菜猪肝

✖材料

猪肝	300克
韭菜	100克
辣椒	10克
蒜碎	20克
淀粉	2大匙

✖调味料

酱油膏	1大匙
白糖	1小匙
鸡精	1小匙
米酒	1大匙
香油	1小匙

✖做法
1. 猪肝切厚片，加淀粉抓匀，放入热水中汆烫，捞
   起沥干备用。
2. 韭菜切段；辣椒切丝，备用。
3. 起锅，加入1大匙色拉油（材料外），放入做法2
   的辣椒丝和蒜碎爆香。
4. 放入猪肝片和所有调味料快炒均匀，最后加入韭
   菜段炒匀即可。

四季豆炒大肠

✖材料
A 四季豆150克、猪大肠头150克、蒜头2粒、葱1根
B 葱1根、米酒1大匙、姜2片

✖调味料
白胡椒粉1大匙、盐1/2小匙、白糖1/2小匙

✖做法
1. 猪大肠头放入沸水中，加入材料B煮约40分钟至软化，捞起切段，备用。
2. 四季豆洗净沥干，去头尾及两侧粗筋；蒜头切末；葱切末，备用。
3. 热锅，倒入六分满的油（材料外），放入四季豆炸至表皮变皱，捞起沥油备用。
4. 在做法3油锅中放入猪大肠头段炸酥，捞起沥油备用。
5. 在做法4锅中留少许油，爆香蒜末、葱末，加入四季豆、猪大肠头拌炒均匀。
6. 加白胡椒粉、盐、白糖拌炒均匀即可。

香辣拌肚丝

✖材料
猪肚	300克
芹菜	100克
辣椒	1个
香菜	2根
蒜头	5粒
生菜	适量

✖调味料
A 米酒	3大匙
盐	1小匙
B 辣椒油	3大匙
香油	1大匙
白胡椒粉	1小匙
盐	少许

✖做法
1. 芹菜洗净切段；辣椒切丝；香菜切碎；蒜头切片，备用。
2. 猪肚洗净，放入锅中加入可盖过猪肚的水量，再加入调味料A，先以大火煮滚，再转小火煮约3个小时至软化，捞起切丝，备用。
3. 芹菜段汆烫，备用。
4. 取一容器，加入做法1中材料与调味料B搅拌均匀即可。

红烧牛肉

✖ 材料

牛腱心············300克
上海青·············80克
姜末·············1小匙
红葱末············1小匙
蒜末·············1/2小匙
水·············500毫升

✖ 调味料

A 豆瓣酱·········1小匙
　 米酒············1大匙
B 蚝油············2小匙
　 白糖············2小匙
　 盐············1/4小匙

✖ 做法

1. 牛腱心放入沸水中，以小火汆烫约10分钟后捞出，冲凉剖开再切成约2厘米厚的块，备用。
2. 热锅，加入2大匙色拉油（材料外），放入姜末、红葱末、蒜末以小火炒香，再加入豆瓣酱、米酒、牛肉，以中火炒约3分钟，接着加入水，以小火煮约15分钟，再加入调味料B拌匀，加盖煮10分钟烧煮入味。
3. 上海青洗净，对剖去头尾，放入沸水中汆烫后捞起盛盘围边，中间再放入做法2的材料即可。

好吃关键看这里

　　炒牛肉时不能将水与调味料一起入锅，要先将豆瓣酱、米酒与牛肉炒入味之后，再加水烧煮，这样煮好后才会有香气散出，同时肉也能更入味好吃。

西芹炒牛柳

❌材料

牛肉…………120克
西芹…………100克
红甜椒…………10克
黄甜椒…………10克
姜………………10克
葱………………10克

❌腌料

酱油……………适量
白胡椒粉………适量
香油……………适量
淀粉……………适量

❌调味料

A 蚝油 ………1大匙
 酱油…………1小匙
 白糖…………1小匙
 米酒…………1大匙
B 水淀粉………1大匙
 香油…………1小匙

❌做法

1. 牛肉切成柳状，加所有腌料腌渍10分钟；西芹切成长条，氽烫捞起；红、黄甜椒切长条；备用。
2. 葱切段；姜切长片状，备用。
3. 热锅关火，放入200毫升冷油（材料外），加入腌牛柳过油，捞起备用。
4. 将做法3锅中的油留1大匙色拉油，热锅后加入葱段、姜片爆香。
5. 加入牛柳、做法1的其余材料和调味料A炒匀，最后加入水淀粉勾芡，洒上香油即可。

芥蓝炒牛肉

❌材料

牛肉180克、芥蓝200克、鲜香菇片50克、葱段20克、姜末10克、姜片8克、红辣椒片10克、水3大匙

❌调味料

A 嫩肉粉1/8小匙、淀粉1小匙、酱油1小匙、蛋清1大匙
B 色拉油1大匙、蚝油1大匙、酱油1小匙、水淀粉1小匙、香油1小匙、盐1/4小匙

❌做法

1. 牛肉切片后以1大匙水和调味料A抓匀，腌渍约20分钟后加入1大匙色拉油抓匀；芥蓝洗净，挑出嫩叶，再将较老的菜梗剥去粗丝后切小段，备用。
2. 热锅，倒入200毫升色拉油（材料外），以大火烧热至油温约100℃，放入牛肉片后，快速拌开至牛肉片表面变白即捞出。
3. 做法2锅中留少许油，放入姜末及芥蓝，加入2大匙水及1/4小匙盐，炒至青菜软化且熟后取出沥干，排放至盘中垫底。
4. 锅洗净，加入少许油（材料外），以小火爆香葱段、姜片、红辣椒片后，再放入鲜香菇片、蚝油、酱油及水炒匀，加入做法2的牛肉片以大火快炒约10秒，再加入水淀粉勾芡，拌匀后洒入香油。
5. 将做法4的材料放至芥蓝上即可。

黑胡椒牛柳

❌ 材料
牛肉·················150克
洋葱·················1/2个
蒜末·················1小匙
奶油·················1大匙

❌ 调味料
A 黑胡椒粉 ······ 1小匙
  蚝油·············· 1大匙
  盐·············1/8小匙
  白糖···········1/4小匙
B 水淀粉·········· 1小匙

❌ 腌料
酱油················· 1小匙
白糖·············1/4小匙
淀粉·············1/2小匙

❌ 做法
1. 牛肉顺着纹路切成细条，再加入所有腌料一起拌匀，腌渍约30分钟，备用。
2. 洋葱切丝，备用。
3. 热锅，加入适量油（材料外），放入牛肉条，泡入温油中约1分钟后，捞起沥干油分，备用。
4. 同做法3原锅，倒出多余的油，再放入奶油加热融化，加入蒜末、洋葱丝，用小火炒香、炒软，加入调味料A，再放入牛肉条，大火快炒均匀后，以水淀粉勾芡即可。

三丝炒牛柳

材料
牛肉200克、红甜椒30克、黄甜椒30克、青椒40克、蒜末1/2小匙、姜末1/2小匙

调味料
A 蛋清1大匙、淀粉1小匙、酱油1小匙、嫩肉粉1/4小匙

B 番茄酱2大匙、水3大匙、白糖1大匙、水淀粉1/2小匙、香油1小匙

做法
1. 牛肉切成长约3厘米的条状，加入调味料A抓匀，腌渍约15分钟备用。
2. 将红甜椒、黄甜椒及青椒洗净沥干，切成和牛肉一样的条状备用。
3. 热锅，加入2大匙油（材料外），放入做法1的牛肉条，大火快炒至表面变白，捞出沥油。
4. 洗净做法3的锅后烧热，加入1大匙油（材料外），放入蒜末及姜末以小火爆香，加入番茄酱以小火炒至油色变红、香气溢出后，加入水、白糖、红甜椒、黄甜椒条及青椒条，以大火炒约10秒。
5. 加入牛肉条快炒5秒后，加入水淀粉勾芡，淋上香油即可。

酸姜牛肉丝

材料
牛肉……………110克
辣椒……………40克
酸姜……………15克
水………………1大匙

调味料
A 淀粉…………1小匙
   酱油…………1小匙
   蛋清…………1大匙
B 白醋…………1大匙
   白糖…………2小匙
   水淀粉………1小匙
   香油…………1小匙

做法
1. 将牛肉切丝，加入调味料A拌匀，腌渍约15分钟；辣椒去籽、切丝；酸姜切丝，备用。
2. 热锅，加入2大匙色拉油（材料外），加入牛肉丝，以大火快炒至牛肉丝表面变白即盛出，备用。
3. 再热锅，加入1小匙色拉油（材料外），以小火爆香辣椒丝、酸姜丝后，加入牛肉丝快炒5秒，接着加入白醋、白糖及水翻炒均匀，再加入水淀粉勾芡，最后淋上香油炒匀即可。

滑蛋牛肉

❌材料
牛肉片…………300克
鸡蛋……………3个
葱………………1根
蒜头……………2粒
水………………4大匙

❌腌料
嫩肉粉…………1/8小匙
白糖……………1小匙
酱油……………1小匙
米酒……………1大匙

❌调味料
盐………………适量

❌做法
1. 葱切段；蒜头切片；鸡蛋加3小匙水及少许盐打散，备用。
2. 牛肉片加水与所有腌料拌匀，放置腌约30分钟备用。
3. 热锅，加多些油（材料外），冷油放入牛肉片，快速炒开至变色，立即捞起沥油备用。
4. 做法3锅中留2大匙油，倒入蛋液炒至半熟立刻捞起。
5. 做法4原锅中放入葱段、蒜片爆香，再放入牛肉片及炒过的蛋，快速拌炒均匀，再加盐调味即可。

青椒炒牛肉片

❌材料
牛肉片…………200克
洋葱片…………50克
青椒片…………50克
胡萝卜片………30克
蒜末……………10克
水………………少许

❌腌料
酱油……………少许
蛋液……………少许
米酒……………少许

❌调味料
盐………………1/4小匙
鸡精……………少许
米酒……………1大匙
水淀粉…………少许
粗黑胡椒粉………少许

❌做法
1. 牛肉片加入所有腌料拌匀，备用。
2. 热锅，加入2大匙色拉油（材料外），放入蒜末、洋葱片爆香，再加入牛肉片拌炒至六分熟，接着放入青椒片、胡萝卜片、水、所有调味料炒至入味即可。

贵妃牛腩

✖材料

牛肋条	500克
姜片	50克
蒜头	10粒
葱	3根
八角	3粒
桂皮	15克
水	500毫升
色拉油	3大匙
上海青	1棵

✖调味料

米酒	5大匙
辣豆瓣酱	1大匙
番茄酱	3大匙
白糖	2大匙
蚝油	2小匙

✖做法

1. 将牛肋条切成约6厘米长的段，汆烫洗净；葱洗净切段。
2. 取一锅加油，放入姜片、蒜头、葱段，略炸成金黄色后放入辣豆瓣酱略炒。
3. 于做法2中加入牛肋条段、八角、桂皮，炒2分钟后加入水和剩余调味料，以小火烧至汤汁微收后盛盘。
4. 将上海青洗净对切，放入沸水中略烫，捞起置于盘边即可。

水煮牛肉

✖材料
牛肉片200克、葱花30克、蒜末20克、姜末10克、黄豆芽50克、干辣椒20克、花椒5克、香菜叶少许、高汤250毫升

豆瓣酱2大匙、白糖2小匙

✖腌料
酱油1大匙、米酒1小匙、蛋清1大匙、淀粉1小匙

✖做法
1. 牛肉片以腌料抓匀；黄豆芽放入沸水中汆烫约1分钟，沥干水盛碗，备用。
2. 热锅，加入2大匙色拉油（材料外），以小火爆香姜末、蒜末、豆瓣酱，加入高汤、白糖煮沸。
3. 将牛肉片放入做法2的锅中拌开，煮约5秒钟后关火，盛入黄豆芽的碗中，再撒上葱花。
4. 另热一锅，加入5大匙色拉油（材料外），以小火爆香干辣椒、花椒后，淋至做法3的牛肉片上，再放入香菜即可。

好吃关键看这里

　　牛肉先用蛋清及淀粉腌过，吃起来就会有滑嫩又顺口的感觉，不会太过干涩。

彩椒牛肉粒

✖材料
牛肉200克、甜豆荚4根、红甜椒50克、黄甜椒50克、蒜末1/2小匙

✖腌料
蛋液2小匙、盐1/4小匙、酱油1/4小匙、料酒1/2小匙、淀粉1/2小匙

✖调味料
盐1/4小匙、蚝油1小匙、白糖1/4小匙、水淀粉少许

✖做法
1. 牛肉切丁，加入所有腌料，以筷子朝同一方向搅拌数十下，拌匀备用。
2. 甜豆荚切段；红甜椒，黄甜椒切小方片，备用。
3. 热锅，放入1大匙色拉油（材料外），以中火将牛肉丁煎熟、盛出，备用。
4. 同做法3原锅，放入蒜末炒香，再放入甜豆荚段、红甜椒片、黄甜椒片、盐炒匀，接着放入牛肉丁及蚝油、白糖炒1分钟，起锅前加入少许水淀粉拌炒均匀即可。

椒盐牛小排

✖材料

牛小排	500克
葱	3根
蒜头	6粒
红辣椒	2个

✖调味料

A	嫩肉粉	1/4小匙
	淀粉	1小匙
	酱油	1小匙
	蛋清	1大匙
B	盐	1/4小匙
	粗黑胡椒粉	1/2小匙

✖做法
1. 牛小排切成块状，加入所有调味料A抓匀，腌渍约20分钟；葱、蒜头、红辣椒切碎，备用。
2. 热锅，加入约500毫升色拉油（材料外），油温热至约160℃，将牛小排一块块放入油锅中，以大火炸约30秒，捞出沥干油。
3. 倒掉做法2锅中的油，留少许油，以小火爆香葱碎、蒜碎及红辣椒碎，加入牛小排，撒入盐及黑胡椒粉炒匀即可。

好吃关键看这里
牛骨很硬，不要用刀直接剁骨切块，沿着骨缝边切就会既省力又顺手。

橙汁牛小排

✖材料

牛小排（去骨）200克
柳橙·····················2个
（约600克）
豌豆苗·············少许
水·······················1大匙

✖调味料

A 柠檬汁·········1大匙

白糖·········$1\frac{1}{2}$大匙

盐·············1/8小匙
B 水淀粉·········1小匙
香油·············1大匙

✖腌料

蛋清··············1小匙
料酒··············1小匙
酱油··············1大匙
淀粉··············1大匙

✖做法

1. 牛小排洗净后沥干、切小块，加入腌料拌匀；取1个柳橙榨汁，另1个削去果皮，去掉白膜，取10克外皮切细丝，取约1/2个柳橙果肉切薄片，备用。
2. 热锅，加入约100毫升色拉油（材料外），烧热至约150℃后，将牛小排放入锅中，以大火煎炸约30秒至表面微焦后取出沥干油，备用。
3. 另取一锅，将柳橙汁、柳橙皮、水与调味料A，以小火煮开，接着加入水淀粉勾薄芡，再加入牛小排及柳橙果肉片炒匀，最后淋上香油即可。

CHAPTER3 热门肉类料理篇

酱烧腱子

材料
猪腱子…………600克
葱段……………10克
红辣椒圈………10克
水………………800毫升
香芹碎…………少许

调味料
豆瓣酱…………1大匙
酱油……………4大匙
料酒……………2大匙
白糖……………1大匙

做法
1. 将猪腱子洗净备用。
2. 取一油锅，加入1大匙油（材料外）烧热，放入葱段、红辣椒圈先爆香，再放入调味料、水和猪腱子，烧煮至入味。
3. 待做法2放凉后取出，装入保鲜盒中，放入冰箱冷藏约1天，食用前切片，撒上香芹碎即可。

好吃关键看这里
做酱烧类的冰镇料理时，记得要将食材充分拌炒均匀至酱汁收干，如此才能使酱汁浓郁地附着在食材上；此外，放入冰箱冷藏前，记得要装入保鲜盒并盖紧盒盖，或用保鲜膜妥善封好容器，以免料理吸附冰箱中的异味而变得味道不佳。

麻辣牛腱

材料
牛腱……………1000克
香菜……………2根
葱………………2根
花椒粉…………1/2小匙
红辣椒…………1个

调味料
红油……………2大匙
卤汁……………1大匙
白糖……………1/2小匙

卤汁
葱………………1根
姜………………2片
桂皮……………20克
八角……………2颗
酱油……………1杯
白糖……………1/4杯
水………………5杯

做法
1. 牛腱洗净，放入沸水中汆烫去除血水后，放入卤汁中以小火卤约90分钟。
2. 将牛腱取出放凉后，切片排入盘中。
3. 将葱切末、红辣椒切碎、香菜切段，一起撒在做法2的盘中。
4. 将所有调味料调匀，淋在牛肉片上，再撒上花椒粉即可。

拌卤牛腱

✖材料

牛腱⋯⋯⋯⋯⋯500克
姜⋯⋯⋯⋯⋯⋯30克
红葱头⋯⋯⋯⋯20克
红辣椒⋯⋯⋯⋯2个
洋葱⋯⋯⋯⋯⋯1/2个
万用卤包⋯⋯⋯1个
蒜泥油膏⋯⋯⋯5大匙
辣椒丝⋯⋯⋯⋯适量
葱花⋯⋯⋯⋯⋯适量
水⋯⋯⋯⋯⋯1000毫升

✖调味料

酱油⋯⋯⋯⋯300毫升
白糖⋯⋯⋯⋯⋯4大匙
料酒⋯⋯⋯⋯⋯50毫升

✖做法

1. 煮一锅水（材料外，足够盖过牛腱）至沸腾，放入牛腱转小火煮约30分钟，取出冲水至凉；姜、红葱头、红辣椒拍破，洋葱切丝备用。
2. 热锅，倒入少许油（材料外），以小火爆香姜、红葱头、红辣椒、洋葱。
3. 加入所有调味料及水、牛腱、万用卤包煮沸，转小火保持微滚，煮约2个小时，熄火后再闷30分钟取出放凉。
4. 将卤牛腱切成薄片，加入蒜泥油膏、辣椒丝、葱花拌匀即可。

蒜泥油膏

材料：
葱20克、蒜泥50克、白糖25克、香油50克、酱油膏150克
做法：
1. 葱切成葱花，备用。
2. 将所有材料混合拌匀至白糖溶化即可。

韭黄牛肚

✖材料
熟牛肚…………150克
韭黄……………100克
竹笋……………20克
辣椒……………10克

✖调味料
A 蒜末 ……………5克
   酱油……………1小匙
   白醋……………1小匙
   米酒……………1大匙
B 酱油……………适量
   盐………………适量
   白糖……………适量
   米酒……………适量
   白胡椒粉………适量
C 水淀粉 ………1大匙
   香油……………1小匙

✖做法
1. 熟牛肚切丝，放入烧热的锅中，加入1大匙色拉油（材料外）和调味料A炒匀后，捞起备用。
2. 韭黄切段；竹笋切丝；辣椒切丝，备用。
3. 热锅，加1大匙色拉油（材料外），加入做法2的所有材料爆香。
4. 加入牛肚丝和调味料B炒匀，最后加入调味料C勾芡即可。

麻辣拌牛筋

✖材料
卤熟牛筋………200克
葱丝……………50克
蒜末……………20克
红辣椒丝………10克

✖调味料
酱油……………1大匙
白醋……………2小匙
辣椒油…………1大匙
白糖……………2小匙
花椒粉…………1/2小匙
香油……………1小匙

✖做法
　卤熟牛筋切片放入大碗中，加入葱丝、蒜末、红辣椒丝及所有调味料拌匀即可。

白斩鸡

❎材料
土鸡1只（约1500克）、
姜片3片、葱段10克

❎调味料
米酒1大匙

❎蘸酱
鸡汤150毫升（制作过程
中产生）、素蚝油50毫
升、酱油膏少许、白糖少
许、香油少许、蒜末少
许、辣椒末少许

❎做法
1. 土鸡去毛和内脏洗净，沥干后放入沸水中汆烫，再捞出沥干，重复上
   述做法来回3~4次后，取出沥干备用。
2. 将整只鸡放入装有冰块的盆中，冰镇冷却，再放回原锅中，加入米
   酒、姜片及葱段，以中火煮约15分钟后熄火，盖上盖子续闷约30
   分钟。
3. 取做法2中150毫升鸡汤，加入其余蘸酱调匀，即为白斩鸡蘸酱。
4. 将做法2的鸡取出，待凉后剁块盛盘，食用时搭配白斩鸡蘸酱即可。

好吃关键看这里

　　鸡肉放冷后再切盘，会更美观完整。若不急着食用，可将
鸡肉先放进冰箱略冷藏，这样鸡皮受热胀冷缩影响变得比较
脆，切口才好看。

花雕蒸鸡

✖材料

土鸡……………………1只
（约1500克）
洋葱丝………………1/2个
葱………………………1根
姜片……………………6片
红葱头………………30克
花雕酒…………300毫升
生菜…………………适量

✖调味料

盐……………………1大匙
白糖…………………1小匙

✖做法

1. 将土鸡从腹部剖开后洗净备用，葱洗净切段。
2. 取一容器，放入洋葱丝、葱段、姜片、红葱头（见图1）、所有调味料和花雕酒，用手抓至香味溢出（见图2）。
3. 将做法1的土鸡抹上做法2，并抹匀，放入冰箱冷藏静置3个小时（见图3）。
4. 取一盘，放入冷藏后的土鸡（见图4），入锅蒸约50分钟，取出放凉（见图5），剁小块盛入装有洗净的生菜垫底的盘中即可。

❶

❷

❸

❹

❺

香辣干锅鸡

材料
鸡腿…………800克
蒜片…………20克
姜片…………10克
花椒…………3克
干辣椒…………10克
芹菜段…………80克
蒜苗段…………50克
水…………150毫升

调味料
蚝油…………1大匙
辣豆瓣酱…………1大匙
白糖…………1大匙
绍兴酒…………50毫升

做法
1. 鸡腿洗净沥干，剁成小块；热锅，倒入约200毫升色拉油（材料外），待油温热至约180℃，放入鸡腿块，炸至表面呈微焦后取沥油。
2. 锅中留下约2大匙油，以小火爆香蒜片、姜片、花椒及干辣椒，加入辣豆瓣酱炒香。
3. 放入炸鸡腿块，加入水及其他调味料炒匀，以小火煮约5分钟至汤汁略收干，再加入蒜苗段及芹菜段炒匀即可。

香菜鸡肉锅

材料
熟鸡1/2只（约100克）、蒜碎100克、姜片10克、葱段30克、芹菜50克、干辣椒15克、花椒4克、香菜30克、水150毫升

调味料
蚝油3大匙、芝麻酱1小匙、辣椒油3大匙、白糖1小匙、绍兴酒50毫升

做法
1. 熟鸡剁小块；芹菜切小段，备用。
2. 热锅，放入约100毫升色拉油（材料外），将蒜碎、姜片、葱段依序放入锅中炸至金黄焦香后，盛出放入砂锅垫底，将熟鸡块与芹菜段一起放至砂锅中，备用。
3. 将做法2炒锅中的油倒出，剩约2大匙油，放入干辣椒、花椒炒香后，盛至熟鸡肉上。
4. 将水和所有调味料混合调匀，淋至砂锅中，开中火盖上锅盖，煮约8分钟至汤汁略干，再加入香菜焖出香味即可。

椒麻鸡

❌材料
鸡腿肉…………200克
圆白菜丝…………40克
香菜末……………10克
蒜末………………5克
辣椒末……………10克

❌调味料
酱油………………2大匙
柠檬汁……………1大匙
白糖………………1小匙
花椒粉……………1/2小匙

❌腌料
酱油………………1大匙
米酒………………1小匙

❌做法
1. 鸡腿肉加入腌料抓匀，腌渍约20分钟（见图1）；圆白菜丝洗净，沥干水分，盛盘垫底，备用。
2. 取鸡腿肉放入电锅中（见图2），外锅加1/2杯水，煮至开关跳起，取出沥干汤汁放凉。
3. 热锅，将油温烧至约160℃（材料外），放入鸡腿肉，以大火炸至焦脆后，捞起沥油、切片、盛盘。
4. 将香菜末、蒜末及辣椒末与所有调味料调匀后，淋至鸡腿肉上，再撒上花椒粉即可（见图3）。

水晶鸡

❌材料
去骨土鸡腿·········2个
（约300克）
姜片···················2片
葱·······················1根
红葱头··············5个
枸杞子··············10克

❌调味料
盐···················1小匙

❌做法
1. 去骨土鸡腿放入沸水中汆烫去血水，取出洗净；红葱头切末，备用；葱洗净切段。
2. 热锅，倒入1/2杯的色拉油（材料外），将红葱头末以小火慢慢炸至呈金黄色，将葱油沥出备用。
3. 取锅，加八分满水煮至沸腾，放入鸡腿及姜片、葱段，待水再次滚沸后，转小火续煮约15分钟。
4. 熄火盖上锅盖，闷约10分钟后取出鸡腿备用。
5. 待煮鸡腿的汤汁冷却，取出4杯汤汁加做法2的葱油2大匙、枸杞子、盐调匀。
6. 将鸡腿浸泡入做法5的汤汁中，置于冰箱冷藏浸泡2天，食用前再切片即可。

CHAPTER 3 热门肉类料理篇

鸡丝拉皮

❌材料
鸡胸肉200克、姜片30克、葱1根、小黄瓜2条、粉皮2张、蒜头2粒、红辣椒1/2个、生菜适量、凉开水50毫升

❌调味料
芝麻酱2大匙、白醋1小匙、白糖2小匙、盐1/2小匙、酱油1/2小匙、香油1小匙、辣椒油1小匙

❌做法
1. 葱洗净切段；将鸡胸肉去皮，放上姜片及葱段，放入蒸锅内蒸熟，趁热用刀身将鸡肉拍松，再撕成粗丝备用。
2. 小黄瓜切丝，用1/2小匙盐（材料外）抓拌腌5分钟后用清水冲净沥干；蒜头、红辣椒切末备用。
3. 粉皮用凉开水泡软，切成2厘米宽的长条，加入香油拌匀以防粘连。
4. 芝麻酱慢慢加入凉开水搅拌至化开，再加入盐、白醋、白糖、酱油、辣椒油搅拌均匀。
5. 取一盘，摆放好洗净的生菜，将做法3的粉皮置生菜上，再把沥干的小黄瓜丝放在粉皮之上，最上层摆上鸡丝，再撒上蒜末、红辣椒末，最后淋上做法4的酱汁即可。

棒棒鸡

❌材料
土鸡腿1个（约250克）、姜片3片、葱3根、姜丝15克、红辣椒丝10克、生菜适量

❌调味料
盐1/2小匙、酱油1/2小匙、白糖1/2小匙、芝麻酱1/2小匙、辣椒油1小匙、香油1/2小匙、花椒油1/4小匙

❌做法
1. 将2根葱洗净切段；煮一锅水至滚（水量只需刚好没过鸡腿），加入姜片、葱段后将鸡腿放入，以小火煮约20分钟后熄火，再加盖闷约10分钟捞出放凉。
2. 剩余1根葱洗净切丝；将鸡腿肉用手撕成粗丝状。
3. 将所有调味料混合拌匀，即为酱汁备用。
4. 将鸡腿丝、葱丝、姜丝、红辣椒丝及做法3的酱汁拌匀即可。生菜洗净，摆盘围边。

注：最好选用宜兰葱，但若买不到，也可用一般葱代替。

口水鸡

❌ **材料**

土鸡腿1个（约250克）、姜片20克、葱1根、熟白芝麻1小匙、蒜味花生仁50克、香菜3根、生菜适量、鸡汤50毫升（在制作过程中产生）

❌ **调味料**

姜30克、葱1根、蚝油3大匙、芝麻酱1小匙、番茄酱2大匙、辣豆瓣酱1小匙、白糖1大匙、鸡精1/4小匙、花椒粉1/4小匙、辣椒油1小匙

❌ **做法**

1. 蒜味花生仁用刀背拍碎；香菜切碎备用。
2. 取一深锅，放入约可盖过鸡腿的水量，待煮至滚沸时，放入土鸡腿、葱、姜片一起煮至再度滚沸后，转小火续煮约5分钟，熄火，盖上锅盖闷15分钟至熟，捞起放凉备用。
3. 将姜、葱与鸡汤一起放入搅拌机中搅打成汁。
4. 将做法3的姜葱汁与芝麻酱调味，再加入其余调味料与熟白芝麻拌匀即为调味酱汁。
5. 将鸡腿切盘，淋上做法4的调味酱汁，撒上蒜味花生碎、香菜碎，再将洗净的生菜摆盘围边即可。

道口烧鸡

❌材料

烤鸡……………1/2只
（约700克）
小黄瓜……………… 1根
香菜……………… 少许

❌调味料

蒜末……………… 1小匙
红椒末……………1/2小匙
白醋……………… 2大匙
香醋……………… 1小匙
白糖……………… 2小匙
酱油……………… 1大匙
香油……………… 1小匙
花椒油………1/2小匙

❌做法

1. 小黄瓜切丝、泡入冷水中，使其保持爽脆口感，捞起沥干盛入盘底，备用。
2. 烤鸡待凉后去骨、切粗条，放在做法1的盘上。
3. 将所有调味料拌匀，淋在盘中鸡肉上，再撒上香菜即可。

辣子鸡丁

❌材料

鸡胸肉…………150克
青椒……………… 30克
红椒……………… 1个
蒜头……………… 3粒
水……………… 2大匙

❌调味料

A 辣椒酱 ……… 1大匙
　白醋………… 1小匙
　白糖………… 1小匙
　米酒………… 1大匙
　花椒粉……… 1小匙
B 水淀粉……… 1小匙

❌腌料

盐……………… 1/2小匙
淀粉……………… 1大匙
香油……………… 1小匙

❌做法

1. 青椒洗净切片；红椒洗净切片；蒜头洗净切片。
2. 鸡胸肉洗净切丁，加入腌料抓匀，腌渍约10分钟，备用。
3. 将做法2放入油温为140℃的锅内，炸熟至呈金黄色后捞起沥油，备用。
4. 热锅，加入适量色拉油（材料外），放入蒜片、红椒片、青椒片炒香，接着加入鸡胸肉、水及所有调味料A快炒均匀，起锅前加入水淀粉勾芡拌匀即可。

咖喱鸡丁

✖材料

鸡腿肉丁·········300克
洋葱片·············40克
青椒片·············40克
红甜椒片··········40克
蒜末·················10克
水·················150毫升

✖调味料

A 咖喱粉·········1大匙
B 盐··············1/4小匙
  白糖·············少许
  米酒·············1大匙

✖腌料

盐··················少许
米酒················少许

✖做法

1. 鸡腿肉丁加入腌料拌匀，备用（见图1）。
2. 热锅，加入适量的油（材料外），加入蒜末、洋葱片爆香，放入鸡腿肉丁炒至颜色变白，再加入咖喱粉拌炒均匀（见图2）。
3. 于做法2的锅中放入水和调味料B拌炒均匀，再加入青椒片、红甜椒片翻炒均匀即可（见图3）。

好吃关键看这里

想要炒咖喱快速又入味，使用咖喱粉会比用咖喱块更迅速。另外，鸡肉不要切太大块，这样就能很快熟透入味了！

CHAPTER 3 热门肉类料理篇

117

腰果鸡丁

❌材料
鸡胸肉1片、炸腰果150克、蒜头2粒、葱1根

❌调味料
盐少许

❌腌料
白糖1小匙、盐1小匙、淀粉1/2大匙、蛋清1/2大匙、米酒1大匙

❌做法
1. 鸡胸肉洗净切丁，以所有腌料腌约20分钟备用。
2. 小葱洗净切段；蒜粒切片，备用。
3. 热锅，放入5大匙油（材料外），冷油时放入鸡丁，以大火快速拌炒至鸡丁变色，捞起沥油备用。
4. 做法3的锅中留少许油，以大火爆香做法2的葱段及蒜片。
5. 加入鸡丁及炸腰果拌炒均匀，加盐调味即可。

栗子烧鸡

❌材料
去骨鸡腿2个、熟板栗15粒、蒜头3粒、葱1根、红辣椒1/3个

❌调味料
酱油膏1大匙、酱油1小匙、水适量、白糖1小匙、香油1小匙、料酒1大匙、鸡精1小匙

❌腌料
淀粉1小匙、盐少许、白胡椒少许、酱油1小匙

❌做法
1. 将去骨鸡腿切成小块状，加入所有腌料腌渍约15分钟，备用。
2. 蒜头切片、红辣椒切圈；葱切成小段，备用。
3. 热锅，加入1大匙色拉油（材料外），接着加入做法2所有材料以中火爆香，再加入熟板栗略炒。
4. 在做法3的锅中加入鸡腿块与所有调味料，继续以中火烩煮至汤汁收干即可。

干葱豆豉鸡

❌材料
鸡腿…………500克
豆豉………… 30克
红葱头…………100克
水………… 80毫升

❌调味料
蚝油………… 1大匙
白糖………… 1小匙

❌腌料
酱油………… 1小匙
白糖………… 1/2小匙
料酒………… 1小匙
淀粉………… 1小匙

❌做法
1. 鸡腿剁小块，加入所有腌料拌匀；红葱头去膜；豆豉洗净泡软，备用。
2. 取锅，加入1/4锅油烧热（材料外），放入红葱头，以小火炸至呈金黄色捞出。
3. 于做法2锅中放入腌好的鸡块，以小火炸5分钟后捞出，将油沥干，并将锅中油倒出。
4. 重新加热做法3的锅，放入红葱头略炒，再加入水、所有调味料和炸好的鸡块，以小火煮15分钟即可。

CHAPTER3 热门肉类料理篇

新疆大盘鸡

✖材料

土鸡................1/2只
（约700克）
土豆................400克
青椒................150克
西红柿............100克
红辣椒.............2个
姜末................10克
花椒................3克
八角................2粒
水................500毫升

✖调味料

豆瓣酱............1大匙
绍兴酒............4大匙
酱油................2大匙
白糖................2大匙

✖做法

1. 土鸡洗净，平均剁成小块；土豆及西红柿洗净，切滚刀块；青椒及红辣椒洗净，去籽切片，备用。

2. 热锅，倒入2大匙色拉油（材料外），加入鸡块，以中火翻炒至表面微焦有香气，再加入土豆、西红柿、豆瓣酱、姜末及青椒片、红辣椒片一起翻炒。

3. 于做法2锅中加入水、绍兴酒、酱油、白糖及花椒、八角，煮滚后，转小火煮约10分钟至土豆变熟软，汤汁略稠即可。

盐焗鸡腿

❌材料

大鸡腿·······················2个
（约500克）
姜·························8克
小葱······················2根

❌调味料

米酒·····················3大匙
盐·······················2大匙
香油·····················1大匙

❌做法

1. 鸡腿洗净备用；姜切丝；小葱切段备用。
2. 将大鸡腿依序淋上米酒，抹上盐（见图1），铺上姜丝和青葱段（见图2）。
3. 将做法2的容器盖上保鲜膜（见图3），放入电锅中，外锅加2杯水，蒸至开关跳起。
4. 将蒸好的鸡腿取出，再淋上香油即可。

好吃关键看这里

盐焗鸡腿吃起来很清淡，鸡腿烹饪前先抹盐再放入电锅去蒸，会让鸡皮更紧实，吃起来有爽脆的口感，而且还带有淡淡的咸味。

中式脆皮鸡腿

❌ 材料

鸡腿2个（约500克）、
葱2根、姜3克、青菜适
量、水200毫升

❌ 调味料

A 麦芽糖2大匙、白醋4
大匙

B 椒盐粉1大匙、料酒20
毫升

❌ 做法

1. 鸡腿洗净沥干；麦芽糖、白醋与水用小火煮至溶化，混匀即为麦芽醋水，备用。

2. 葱与姜以刀背拍破，与椒盐粉及料酒抓匀，加入鸡腿使其裹匀，并放入冰箱冷藏腌渍约2个小时。

3. 将腌好的鸡腿放入沸水中汆烫1分钟取出，趁热均匀沾上做法1的麦芽醋水，再用钩子吊起晾约6个小时至表面风干。

4. 热锅，倒入约500毫升油（材料外），加热至约120℃，放入鸡腿以中火炸约12分钟至表皮金黄酥脆，起锅沥油，切块装盘。然后将青菜洗净水烫，摆盘围边即可。

好吃关键看这里

鸡腿蘸裹好麦芽醋水之后，下锅油炸前表皮一定要晾干，这样皮才会酥脆好吃。

辣味鸡丝珊瑚草

❌ 材料
鸡胸肉200克、珊瑚草50克、香菜2根、红辣椒1根、蒜头3粒

❌ 调味料
泰式春卷酱20毫升、香油2大匙、辣椒油1大匙、白胡椒粉少许、盐少许

❌ 做法
1. 取一容器，将珊瑚草泡入冷水中约3个小时，待珊瑚草泡至发胀再捞起沥干。
2. 鸡胸肉放入沸水中煮熟，再捞起剥成丝状备用。
3. 另取一容器，加入所有的调味料拌匀，再放入珊瑚草、鸡胸肉和其余的材料混合搅拌均匀即可。

好吃关键看这里

珊瑚草建议买回家后用冷水直接泡发，泡到发胀大约需要3个小时，不可以用温水或热水泡，否则珊瑚草会紧缩。选购珊瑚草时，记得要挑选外观颜色较深的。

银芽鸡丝

❌ 材料
鸡胸肉150克、豆芽200克、蒜头2粒、红辣椒1个

❌ 调味料
盐少许

❌ 腌料
白糖1小匙、盐1小匙、淀粉1/2大匙、蛋清半个鸡蛋量、料酒1大匙

❌ 做法
1. 鸡胸肉洗净切丝，以所有腌料腌约20分钟备用。
2. 红辣椒切丝；蒜头切片；豆芽去豆尾，备用。
3. 热锅，放入5大匙油（材料外），冷油时放入鸡丝，以大火快速拌炒至鸡丝变色，捞起沥油备用。
4. 做法3的锅中留少许油，以大火爆香辣椒丝及蒜片。
5. 加入鸡丝及豆芽拌炒均匀，加盐调味即可。

辣油黄瓜鸡

⊠ 材料

鸡胸肉·············· 80克
小黄瓜·············100克
红辣椒丝·············10克
凉开水·············· 1大匙

⊠ 调味料

辣椒油·············· 2大匙
蚝油·············· 1大匙
白糖·············1/2小匙

⊠ 做法

1. 取鸡胸肉放入滚锅中烫熟，捞出、剥丝，备用。
2. 小黄瓜切丝、盛盘，将鸡丝放在小黄瓜丝上。
3. 将凉开水和所有调味料拌匀成酱汁，淋在鸡丝上，再撒上红辣椒丝即可。

椰汁咖喱鸡

⊠ 材料

鸡肉·············· 200克
洋葱片·············· 30克
香茅·············· 2根
柠檬叶·············· 2片
水··············100毫升
椰奶··············1/2罐
罗勒叶·············· 少许

⊠ 调味料

红咖喱·············· 1小匙
盐·············· $1\frac{1}{2}$小匙
白糖·············1/2小匙

⊠ 做法

1. 鸡肉剁小块，放入沸水中汆烫去血水，再捞出洗净，备用。
2. 热锅，加入1小匙油（材料外），放入红咖喱以小火炒香，再加入鸡肉块炒约2分钟。
3. 于做法2的锅中继续加入水、盐、白糖、香茅、柠檬叶，煮约5分钟，接着加入椰奶续煮约10分钟，最后加入洋葱片煮约2分钟，撒上罗勒叶即可。

蚝油鸡翅

🔲材料
鸡翅……………500克
竹笋……………100克
蒜末……………10克
红辣椒……………20克
葱………………20克

🔲调味料
蚝油………………3大匙

🔲做法
1. 鸡翅洗净后对切；竹笋切滚刀块；红辣椒切片；葱切段。
2. 将做法1的材料混合，放入蒸盘中，再加入调味料拌匀。
3. 取一锅，锅中加入适量水（材料外），放上蒸架，将水煮至滚。
4. 将做法2的蒸盘放在做法3的蒸架上，盖上锅盖，以大火蒸约25分钟即可。

泰式酸辣鸡翅

🔲材料
鸡翅500克、洋葱1/2个、蒜头3粒、葱1根、柳橙皮适量

🔲调味料
泰式甜鸡酱3大匙、香油1小匙、白糖1小匙、柠檬汁1大匙、盐1小匙

🔲做法
1. 鸡翅洗净，沥干水分备用；洋葱切丝；蒜头切片；葱切小段；柳橙皮切细丝，备用。
2. 取一锅，先加入1大匙色拉油（材料外），再加入洋葱丝、蒜片和葱段，以中火翻炒均匀。
3. 于做法2中加入洗净的鸡翅以及所有的调味料，以中火将材料烩煮至黏稠后盛盘，摆上少许柳橙丝装饰即可。

好吃关键看这里
酸辣鸡翅开胃下饭，是许多人去泰式餐厅必点的一道料理，其实自己在家做既省钱又美味，可选用两节翅，不仅较便宜，也容易入味。

CHAPTER3 热门肉类料理篇

125

红油鸡爪

❎材料
鸡爪…………300克
洋葱…………1/2个
姜……………10克
蒜头…………3粒
辣椒…………1根
水…………200毫升

❎调味料
红油…………2大匙
八角…………1粒
花椒油………1小匙
酱油…………1大匙
米酒…………30毫升
香油…………1小匙
盐……………少许
白胡椒粉………少许
白糖…………30克

❎做法
1. 姜洗净切片；蒜头洗净切片；辣椒洗净切丝。
2. 鸡爪洗净、对切，放入沸水中快速汆烫过水，备用。
3. 取一容器，加入所有材料与所有调味料，一起混合拌匀，再用保鲜膜封好，备用。
4. 将做法3的容器摆入蒸笼中，以中火蒸约50分钟，取出撕除保鲜膜即可。

萝卜干鸡

❎材料
萝卜干…………150克
鸡………………1只
香菇……………8朵
水…………2000毫升

❎调味料
白糖…………1小匙
盐……………1小匙
味精…………1大匙

❎做法
1. 将萝卜干、鸡洗净，香菇泡软去蒂备用。
2. 将水放入锅中煮开（水的量要能淹没整鸡，材料外），放入鸡汆烫3分钟取出，以冷水冲净。
3. 另将2000毫升水煮开，放入鸡、萝卜干、香菇，以中火煮约40分钟后，加入调味料调味即可。

上海馄饨鸡

❌ 材料
土鸡·············1500克
猪肉泥·············150克
大馄饨皮··········15张
姜泥············1小匙
葱白泥··········1小匙
淀粉·············1/2小匙
金华火腿········120克
姜片············20克
葱··············1根
水··············1200毫升
上海青············200克

❌ 调味料
A 盐············1/2小匙
　白糖··········1/4小匙
　米酒··········1/2小匙
　胡椒粉······1/8小匙
　香油··········1/4小匙
B 绍兴酒········1大匙

❌ 做法
1. 土鸡彻底洗净汆烫，葱洗净切段。
2. 猪肉泥与调味料A混合，摔打至黏稠起胶，再加入姜泥、葱白泥和淀粉拌匀，即成猪肉馅，备用。
3. 金华火腿切小丁；上海青洗净，对半切开。
4. 取一砂锅，放入姜片、葱段、水和绍兴酒，再加入土鸡及金华火腿丁，盖上锅盖以小火炖约2个小时。
5. 将猪肉馅和大馄饨皮包成大馄饨，放入沸水中煮约3分钟，捞出沥干水，加入做法4中煮约2分钟后，再放入上海青，煮至滚沸即可。

辣味鸡胗

材料
鸡胗160克、葱段30克、姜片40克、芹菜70克、辣椒丝10克、香菜末5克、辣豆瓣酱3大匙

做法
1. 取一个汤锅，将葱段及姜片放入锅中，加入2000毫升水（材料外），开火煮沸后放入鸡胗。
2. 待做法1煮沸后，将火转至最小以维持微滚状态，继续煮约10分钟捞起鸡胗沥干放凉，切片备用。
3. 芹菜切小段，氽烫后冲水至凉，与辣椒丝、香菜末及鸡胗片一起，加入辣豆瓣酱拌匀即可。

好吃关键看这里
因为鸡胗比较厚所以需要煮久一点，但也不宜煮太久，因为煮久会缩水。此外加入姜片与葱段一起氽烫可以去除鸡胗的腥味，如果将之拍裂去腥效果会更好。

韭菜花炒鸡杂

材料
鸡胗100克、鸡肝100克、韭菜花250克、蒜末15克、辣椒丝10克

调味料
盐1/4小匙、白糖少许、鸡精1/4小匙、酱油少许、米酒1大匙、香油少许、陈醋少许、白胡椒粉少许

做法
1. 鸡胗、鸡肝洗净切片；韭菜花洗净切段备用。
2. 热锅，倒入少许油（材料外），放入蒜末爆香，加入鸡胗、鸡肝炒约1分钟。
3. 加入辣椒丝、韭菜花及所有调味料炒入味即可。

好吃关键看这里
鸡杂指的是鸡的内脏，因此不限于鸡胗和鸡肝，其他内脏也可以加进去，例如鸡肠、鸡心等，风味也不错。

香酥鸭

❌ 材料

鸭1/2只（约1000克）、姜4片、葱2根、米酒3大匙、椒盐适量、生菜适量

❌ 调味料

盐1大匙、八角4颗、花椒1小匙、五香粉1/2小匙、白糖1小匙、鸡精1/2小匙

❌ 做法

1. 将鸭洗净，用餐巾纸擦干备用；葱洗净切段。
2. 将盐放入锅中炒热后，关火加入调味料中的其余材料拌匀。
3. 将调味料趁热涂抹鸭身，静置30分钟，再淋上米酒，放入姜片、葱段蒸2个小时后，取出沥干放凉。
4. 将蒸好的鸭肉放入180℃的油锅内，炸至金黄后捞出沥干，最后去骨切块，蘸椒盐食用，生菜洗净，摆盘围边即可。

好吃关键看这里

香酥鸭要炸得香酥才好吃，鸭子不蘸调味料本身就有味道的秘诀在于先用干锅炒盐和花椒等调味料，炒香后抹在鸭身上，这样再烹调味道就更香。

子姜鸭条

❌ 材料

鸭胸肉300克、葱2根 、子姜100克、辣椒2根

❌ 调味料

白糖1小匙、盐1小匙、鸡精1小匙、酱油1小匙

❌ 腌料

淀粉2大匙、胡椒粉1小匙、盐1/2小匙、香油1小匙

❌ 做法

1. 葱洗净切丝；子姜洗净切丝；辣椒切丝，备用。
2. 将鸭胸肉去皮去骨后，切成条状，抹上所有腌料，腌约20分钟备用。
3. 将鸭肉条放入100℃油温的锅中，炸至八分熟，捞出沥油。
4. 起油锅，爆香葱丝、姜丝、辣椒丝后，倒入鸭肉条及全部调味料，大火翻炒数下即可。

CHAPTER 3 热门肉类料理篇

凉拌鸭掌

❌材料

泡发鸭掌·········200克
小黄瓜·············80克
辣椒丝·············10克
姜丝················10克
糖醋酱·············5大匙

❌做法

1. 泡发鸭掌切小条，用温开水洗净沥干；小黄瓜拍松、切小段，备用。
2. 将做法1的材料及姜丝、辣椒丝混合，加入糖醋酱拌匀即可。

好吃关键看这里

最好选购已经泡发且去骨的鸭掌，这样处理起来比较轻松，只要用温开水洗净就可以使用了。

酸菜炒鸭肠

✖材料
鸭肠·············150克
酸菜··············30克
芹菜··············20克
葱··················1根
姜··················10克
辣椒················1个

✖调味料
盐··················1大匙
白糖············1/2小匙
米酒················1大匙
香油················1大匙

✖做法
1. 葱洗净切段；姜洗净切丝；辣椒洗净切丝。
2. 鸭肠切段；酸菜切丝；芹菜洗净、切段，备用。
3. 热锅，加入适量色拉油（材料外），放入葱段、姜丝、辣椒丝、酸菜丝炒香，接着加入鸭肠、芹菜及所有调味料快炒均匀至软即可。

葱油鹅肠

✖材料
鹅肠·············600克
莴笋·············200克

✖调味料
油葱酥············2大匙
蚝油··············3大匙

✖做法
1. 鹅肠洗净，莴笋去除老叶洗净切段备用。
2. 煮开一锅水，将莴笋放入沸水中汆烫约30秒后，捞起排入盘中，再在开水中继续烫鹅肠约1分钟，将它排放在莴笋上面。
3. 将油葱酥加热，淋在鹅肠上，最后再淋上蚝油即可。

油葱酥
材料：
红葱头6个、猪油2大匙
做法：
1. 将红葱头去膜、切片，备用。
2. 炒热猪油，放入红葱头片，以中火拌炒至呈金黄色即可。

CHAPTER 3 热门肉类料理篇

辣酱鸭血煲

材料
肉酱罐头……150克
豆腐……150克
鸭血……150克
酸菜丁……50克
姜末……5克
蒜片……5克
水……200毫升

调味料
辣椒酱……2大匙
花椒油……1大匙
水淀粉……2大匙

做法
1. 鸭血切小块，与酸菜丁一起放入滚锅中汆烫一下，捞出沥干水分，备用。
2. 热锅，放入花椒油，以中火炒香辣椒酱及姜末、蒜片后，加入肉酱及水煮开。
3. 在做法2的锅中加入鸭血、酸菜丁、豆腐，转小火煮约1分钟至入味后，以水淀粉勾芡即可。

好吃关键看这里
煮鸭血时火不能太大，否则鸭血会不软滑。

生炒芥蓝羊肉

材料
羊肉片……120克
葱……20克
蒜片……20克
辣椒……10克
芥蓝……100克

腌料
酱油……适量
白胡椒粉……适量
香油……适量
淀粉……适量

调味料
A 蚝油……1大匙
酱油……1小匙
白糖……1小匙
米酒……1大匙
B 水淀粉……1大匙
香油……1小匙

做法
1. 羊肉片加入所有腌料腌渍10分钟，备用。
2. 葱洗净切段；辣椒洗净切块；芥蓝洗净切斜段备用。
3. 起油锅，放入1大匙色拉油（材料外），加入葱段、蒜片、辣椒块爆香。
4. 加入芥蓝段、腌羊肉片和调味料A炒匀，再加入调味料B勾芡即可。

油菜炒羊肉片

材料
羊肉片············220克
油菜段············200克
蒜末················10克
姜丝················15克
辣椒圈············10克

调味料
盐··············1/4小匙
鸡精··········1/4小匙
酱油················少许
米酒················1大匙
香油················2大匙

做法
1. 油菜段放入沸水中汆烫一下捞出，备用。
2. 热锅，加入2大匙香油，爆香蒜末、姜丝、辣椒圈，再放入羊肉片拌炒至变色。
3. 加入所有调味料炒匀，最后放入油菜段拌炒一下即可。

好吃关键看这里
　　牛肉片、羊肉片都可选用薄的火锅肉片，不需花费太多时间在烹饪上面，简单快炒一下，很快就熟了！

姜丝香油羊肉片

材料
羊肉片············150克
姜····················60克
罗勒叶············适量

调味料
胡麻油············2大匙
米酒················2大匙
酱油················1大匙

做法
1. 姜切丝；罗勒摘除老梗，备用。
2. 热锅，倒入胡麻油，放入姜丝爆香。
3. 放入羊肉片及其余调味料炒熟，加入罗勒叶拌匀即可。

好吃关键看这里
　　香油要使用胡麻油（黑香油）才对味，白色的香油风味就没那么配。姜丝一定要爆过才会香，可以用老姜也可以用嫩姜，老姜会比较辣且风味较浓；而嫩姜则不会那么呛辣，可以依喜好选择。

热门
海鲜料理 篇

现在交通发达，
即使在不靠海的城市，
也可以品尝到各种海鲜，
鱼、虾、蟹、贝类……应有尽有，
选择多又容易获取，
但在家煮海鲜好像总是比餐厅少一味，
究竟为什么呢？
让我们来替你破解！

新鲜 海鲜 挑选法

◎ 新鲜贝类分辨法

Step1 观察其在水中的样子，如果在水中壳微开，且会冒出气泡，再拿出水面，壳立刻紧闭，就是很新鲜的贝类；而不新鲜的话，放在水中会没有气泡，且拿出水面壳无法闭合。

Step2 观察外壳有无裂痕、破损，新鲜贝类的外壳应该是完整的。

Step3 拿两个互相轻敲，新鲜的应该呈现清脆的声音；若声音闷沉就表示已经不新鲜了。

小帖士

如果是选购牡蛎这类已经除去外壳的贝类，就要观察外表，如果肥厚且略带光泽，就是新鲜的；如果外表扁塌、不完整且有破损，就是不新鲜的。

◎ 挑选螃蟹秘诀

Step1 因为螃蟹腐坏的速度非常快，所以最好选购活的螃蟹。首先观察眼睛是否明亮，如果是活的，眼睛会正常转动，若是购买冷冻的，眼睛的颜色也要明亮有光泽。

Step2 观察蟹螯、蟹脚是否健全，若已断落或是松脱残缺，表示螃蟹已经不新鲜；另外背部的壳外观是否完整，也是判断螃蟹是否新鲜的依据。

Step3 若是海蟹可以翻过来，观察腹部是否洁白，河蟹跟海蟹都可以按压腹部，新鲜螃蟹会有饱满扎实的触感。

◎ 鲜虾分辨法

Step1 先看虾头，若是购买活虾的话，头应该完整，而已经冷藏或冷冻过的虾，头部应与身体紧连，此外如果头顶呈现黑点就表示已经不新鲜了。

Step2 再来看壳，新鲜的虾壳应该有光泽且与虾肉紧连，若壳肉容易分离，或是虾壳软化，就是不新鲜的虾。

Step3 轻轻触摸虾身，新鲜虾的虾身不黏滑，按压会有弹性，且虾壳完整没有残缺。

小帖士

虾仁有可能是商家将快失去鲜度的虾加工处理而来，因此新鲜度无法保证，建议买新鲜带壳虾自行处理，这样才能获得最新鲜的虾仁。

◎ 观察鱼的外表

Step1 先观察眼睛，眼睛清亮且黑白分明的话，表示这条鱼相当新鲜；如果眼睛变成混浊雾状时，表示这条鱼已经放了一段时间，不新鲜了。

Step2 观察鱼身是否有光泽度，如果没有自然光泽且鱼鳞不完整，这条鱼就已经不新鲜了。

Step3 观察"鱼鳃"。这可是鱼在水中时供氧的部位，分布了许多血管，所以鳃一定要保持相当的活力。因此，在检查鲜度时，这里是不可以遗漏的，翻开鱼鳃部位，除了观察是否呈鲜红色，还可以用手轻轻摸一下，确认有没有被上色作假。

◎ 按压鱼肉

Step1 用手指按压一下鱼肉，看是否有弹性，新鲜的鱼肉组织应该充满弹性而且表面没有黏腻感，不新鲜的鱼肉则会松软且有腻感。

Step2 轻轻抠一下鱼鳞，健康的鱼鳞不易被手指抠下，如果轻轻一碰鱼鳞就掉下，那表示这条鱼已经不新鲜了。

小帖士

如果是选购鳕鱼、三文鱼等以整片贩卖的鱼类，同样要先看表面色泽是否自然，鱼皮是否完整无脱皮；再轻压是否有弹性，不能太软烂。

◎ 墨鱼、鱿鱼判断法

Step1 看身体是否透明且呈现自然光泽，触须无断落，表皮完整；如果变成灰暗的颜色，表皮无光泽就是不新鲜了，千万不要选。

Step2 摸一下表面是否光滑，轻轻按压是否有弹性，如果失去弹性且表皮黏连，就表明这种软管类海鲜已经失去新鲜度了。

宫保虾仁

❎材料
虾仁…………250克
葱…………… 1根
蒜头……………4粒
干辣椒………… 20克

❎腌料
盐…………1/2小匙
米酒…………1大匙
淀粉…………1大匙

❎调味料
白糖…………1/2小匙
生抽…………1/2小匙
香油……………1小匙
白醋……………适量

❎做法
1. 葱洗净切段；蒜头洗净切片；干辣椒洗净切段。
2. 虾仁去肠泥，加入腌料抓匀，腌渍约10分钟后，放入120℃油锅中炸熟（材料外），备用。
3. 热锅，加入适量色拉油（材料外），放入葱段、蒜片、干辣椒段炒香，再加入虾仁与所有调味料拌炒均匀即可。

芦笋炒虾仁

⊠材料

芦笋·············150克
虾仁·············250克
胡萝卜片·········10克
葱················1根
姜················10克

⊠腌料

盐················1/2小匙
米酒··············1大匙
淀粉··············1大匙

⊠调味料

鱼露··············1大匙
米酒··············1大匙
香油··············1大匙

⊠做法

1. 虾仁去肠泥，加入腌料抓匀，腌渍约10分钟后，放入120℃油锅中汆熟（材料外），备用。
2. 芦笋切段，放入沸水中汆烫，再捞起泡冷水，备用；葱切段；姜切片。
3. 热锅，加入适量色拉油（材料外），放入葱段、姜片爆香，再加入胡萝卜片炒香，接着加入虾仁、芦笋及所有调味料拌炒均匀即可。

茄汁虾仁

⊠材料

西红柿·············300克
虾仁··············150克
洋葱片·············10克
蒜末··············1/2小匙
葱花··············1小匙
水···············50毫升

⊠调味料

A 番茄酱··········1大匙
　陈醋············1小匙
　白糖············1大匙
　盐·············1/2匙
B 水淀粉···········适量

⊠做法

1. 虾仁汆烫至熟后过冷水；西红柿洗净后去蒂，切滚刀块备用。
2. 取锅烧热后，加入1大匙油（材料外），再加入蒜末、洋葱片、水，放入切好的西红柿块，再放入剩余的调味料A。
3. 当做法2煮沸后，放入烫熟的虾仁，继续炒约30秒后，加入水淀粉勾芡，再撒上葱花即可。

豆苗虾仁

❌材料

虾仁…………250克
豆苗…………200克
蒜末…………10克
姜末…………10克

❌调味料

A 盐 ………… 少许
　香油………… 少许
B 盐………… 少许
　鸡精………… 少许
　米酒………… 1大匙

❌做法

1. 热锅，加入少量色拉油（材料外），放入豆苗、调味料A炒热取出，盛盘备用。
2. 洗净做法1的锅子，重新加热，并加入适量色拉油（材料外），爆香蒜末、姜末，再放入虾仁拌炒，接着加入调味料B炒入味，盛出放在豆苗盘上即可。

好吃关键看这里

　　虾仁可以于背部划刀切开，除了看起来会比较有分量，快炒时内部也更容易熟透。

干烧虾仁

❌材料
虾仁·············200克
葱················20克
姜················10克
蒜末···············10克

❌腌料
白胡椒粉·········适量
香油················适量
淀粉················适量

❌调味料
A 番茄酱·········1大匙
  辣椒酱·········1小匙
  白醋············1大匙
  白糖············1大匙
  米酒············1大匙
  酒酿············1大匙
B 水淀粉·········1小匙
  香油············1小匙

❌做法
1. 虾仁洗净去肠泥，拌入腌料腌渍10分钟，放入沸水中氽烫一下，捞起备用。
2. 葱洗净切葱花；姜洗净切末，备用。
3. 起油锅，放入1大匙色拉油（材料外），加入做法2的材料爆香。
4. 加入虾仁和调味料A以快火炒匀，再加入调味料B勾芡即可。

CHAPTER 4 热门海鲜料理篇

胡椒虾

✖材料

白虾·················250克
洋葱·················1/4个
葱···················2根
蒜末·················1/2小匙
奶油·················2小匙

✖调味料

盐···················1/4小匙
酱油·················1/2小匙
白糖·················1/2小匙
黑胡椒粉···········1/2小匙

✖做法

1. 白虾洗净、剪须，用牙签挑除肠泥，备用。
2. 洋葱切片；葱切段，备用。
3. 热锅，放入2大匙色拉油（材料外），将虾两面煎至焦脆，再放入蒜末、洋葱片、葱段及所有调味料以小火炒约2分钟，最后加入奶油、黑胡椒粉炒匀即可。

好吃关键看这里

　　白虾价格比草虾便宜许多，想省钱就使用白虾吧！另外，餐厅吃一道胡椒虾价格不菲，我们用家常方式来制作，简单便利，好吃不打折！

盐焗鲜虾

❌材料
白刺虾…………200克
葱……………………2根
姜……………… 25克
香芹碎…………… 少许
水……………100毫升

❌调味料
盐………………… 1小匙
米酒…………… 1大匙

❌做法
1.把白刺虾洗净后，剪掉长须、尖刺；葱切段；姜切片，备用。
2.将葱段、姜片、水及所有调味料放入锅中，开火煮至滚沸后，加入白刺虾盖上锅盖，转中火焖煮约2分钟即关火，挑去葱段、姜片后，将白刺虾起锅装盘，撒上香芹碎即可。

好吃关键看这里

　　盐焗不是一般的焗烤，而是用盐水焖煮至熟，这样更能保存鲜虾的鲜甜原味。

沙茶炒草虾

❌材料
草虾200克、葱30
克、蒜末10克

❌调味料
沙茶酱1大匙、鸡精1
大匙、米酒1大匙、
白糖1小匙

❌做法
1. 草虾去头须、脚、尾刺和肠泥，放入油锅（材料外）中略炸一下，捞起备用。
2. 葱洗净切葱花，备用。
3. 起油锅（材料外），加入葱花爆香。
4. 加入炸虾和所有调味料，快炒均匀即可。

好吃关键看这里

沙茶酱的最主要原料"扁鱼干"中的扁鱼，就是比目鱼、鲽鱼这一类鱼的通称，味道鲜美，但是肉薄利用率低，或是体型较小肉少，通常加工晒成扁鱼干。除了可以用来制作沙茶酱，亦可拿来入菜，最常见的便是拿来熬高汤，或是放入火锅中一起炖煮，加了扁鱼干的高汤会变得相当鲜美。

糖醋虾

❌材料

草虾	150克
青椒块	30克
红甜椒块	30克
黄甜椒块	30克
洋葱块	20克
淀粉	60克
水	20毫升

❌调味料

番茄酱	120克
白糖	10克
陈醋	20克
柠檬汁	10毫升
草莓果酱	20克
盐	3克
水淀粉	适量

❌做法
1. 草虾去壳，留头留尾，蘸上一层薄薄的淀粉备用。
2. 取锅，加入300毫升色拉油烧热至180℃（材料外），放入草虾炸至酥脆，捞起沥油备用。
3. 另取炒锅烧热，加入25毫升色拉油（材料外）后，放入青椒块、红甜椒块、黄甜椒块和洋葱块翻炒，加入水、除水淀粉外的其余调味料和炸好的草虾翻炒至入味。
4. 加入水淀粉勾芡即可。

绍兴蒸虾

❌材料

基围虾…………300克
当归……………适量
枸杞子…………适量

❌调味料

绍兴酒…………3大匙
盐………………少许

❌做法

1.基围虾洗净，备用。
2.当归、枸杞子放入绍兴酒中浸泡约5分钟，再加入盐拌匀。
3.将基围虾放入做法2里，再放入蒸锅内以大火蒸约3分钟即可。

好吃关键看这里

这是一道吃起来高级、其实做法超简单的馆子菜，秘诀就是当归、枸杞子需先在酒中浸泡入味，再加入基围虾一起蒸，出锅后就是一道充满酒香的蒸虾了。

CHAPTER 4 热门海鲜料理篇

香茄蒜味鲜虾

❌材料

白虾150克、西红柿
50克、蒜末20克、香
菜末10克、青椒适量

❌调味料

盐适量、白胡椒粉
适量

❌做法

1. 西红柿洗净，去籽切小丁备用；青椒切大块，摆盘底备用。
2. 取炒锅烧热，加入25毫升色拉油（材料外），将白虾煎成外壳变红色。
3. 加入蒜末拌匀，加入西红柿丁翻炒，再加入盐和白胡椒粉略翻炒后，放入香菜末，盛出倒入摆有青椒块的盘上即可。

好吃关键看这里

虾是很容易腐坏的海鲜，如果希望可以保存久一点，可以先把虾头给剥除，再将虾身的水分拭干后冷藏或冷冻。虾仁则直接用保鲜盒密封后放进冰箱就可以。不过还是建议尽快食用完。

蒜蓉蒸虾

❌材料

草虾……………200克
蒜末……………2大匙
葱花……………10克
开水……………1小匙

❌调味料

酱油……………1大匙
白糖……………1小匙

❌做法

1. 草虾洗净，剪掉长须后以刀从虾头对剖至虾尾处，留下虾尾不要剖断，去掉肠泥后排放至盘子上备用。
2. 将开水与调味料放入小碗中混合成酱汁备用。
3. 蒜末放入碗中，冲入烧热至约180℃的色拉油做成蒜油，淋在摆好盘的虾上，盖上保鲜膜后移入蒸笼大火蒸4分钟取出，撕去保鲜膜，淋上做法2的酱汁、撒上葱花即可。

芝麻杏果炸虾

❎材料
A 草虾 ··········· 200克
香芹碎 ··········· 少许
B 玉米粉 ··········· 30克
鸡蛋 ··········· 2个
杏仁粒 ··········· 50克
白芝麻 ··········· 20克

❎调味料
A 盐 ··········· 1/4小匙
料酒 ··········· 1小匙
B 沙拉酱 ··········· 1大匙
椒盐粉 ··········· 1小匙

❎做法
1. 剥除草虾的头及壳，保留尾部，用刀子从虾的背部剖开至尾部，但不切断，摊开成一片宽叶的形状，加入调味料A拌匀后备用。
2. 鸡蛋打散成蛋液；杏仁粒与白芝麻混合备用。
3. 将虾身均匀地裹上玉米粉后，蘸上蛋液，最后再蘸上做法2的杏仁粒与白芝麻并压紧。
4. 热一锅，放入适量油（材料外），待油温烧至约120℃，将草虾放入锅中，以中火炸约1分钟至表皮金黄酥脆，捞起沥干油分，盛盘撒上香芹碎，食用时佐以沙拉酱或椒盐粉即可。

银丝炸白虾

❎材料
白虾 ··········· 200克
粉条 ··········· 1把
鸡蛋 ··········· 1个
面粉 ··········· 50克
香菜叶 ··········· 少许

❎调味料
盐 ··········· 适量
白胡椒粉 ··········· 适量

❎做法
1. 将白虾去壳和肠泥，在腹部划数刀，以防止卷曲；鸡蛋打散成蛋液。
2. 粉条用剪刀剪成约0.3厘米长的段，备用。
3. 在虾肉上撒上盐和白胡椒粉，再依序蘸上面粉、鸡蛋液和粉条段备用。
4. 取锅，加入500毫升色拉油烧热至180℃（材料外），放入白虾炸约6分钟至外观呈金黄色，捞起沥油，撒上香菜叶即可。

焗烤奶油小龙虾

材料

小龙虾	250克
蒜头	2粒
小葱	2根
奶酪丝	35克

调味料

奶油	1大匙
盐	少许
白胡椒粉	少许

做法

1. 将小龙虾纵向剖成二等分，洗净备用。
2. 蒜头、小葱切碎末状，备用。
3. 将蒜头和小葱碎放入小龙虾的肉身上，再放入混合拌匀的调味料，撒上奶酪丝，排放入烤盘中。
4. 放入200℃的烤箱中烤约10分钟，取出盛盘即可。

香辣樱花虾

❌材料

樱花虾干	35克
芹菜	110克
辣椒	2个
蒜末	20克

❌调味料

酱油	1大匙
白糖	1小匙
鸡精	1/2小匙
米酒	1大匙
香油	1小匙

❌做法

1. 芹菜洗净后切小段；辣椒切碎，备用。
2. 起锅，热锅后加入2大匙色拉油（材料外），以小火爆香辣椒末及蒜末后，加入樱花虾干，续以小火炒香。
3. 在做法2锅中加入酱油、白糖、鸡精及米酒，转中火炒至略干后，加入芹菜段翻炒约10秒至芹菜略软，最后洒上香油即可。

鲜虾粉丝煲

❌材料

草虾	200克
粉条	50克
姜	3克
蒜头	2粒
洋葱	1/3个
红辣椒	1/2个
猪肉泥	50克
上海青	2棵
香菜	少许
水	400毫升

❌调味料

沙茶酱	2大匙
白胡椒粉	少许
盐	少许
面粉	10克
白糖	1小匙

❌做法

1. 姜洗净切片，蒜头洗净切片；洋葱洗净切丝；红辣椒洗净切丝。
2. 草虾洗净；粉条泡入冷水中软化后沥干，备用。
3. 起锅，以中火烧至油温约190℃（材料外），将草虾裹上薄面粉后，放入油锅，炸至外表呈金黄色时，捞出沥油备用。
4. 另起锅，倒入1大匙色拉油烧热（材料外），放入姜片、蒜片、洋葱丝、红辣椒丝及猪肉泥，以中火爆香后，加入所有调味料、水、粉条、草虾和上海青，以中小火烩煮约8分钟，撒上香菜即可。

锅巴香辣虾

✖材料

虾仁	200克
姜	10克
葱	20克
干辣椒	5克
锅巴	20克
豆酥	30克
花椒	1克
地瓜粉	适量

✖调味料

辣椒酱	1小匙
白糖	1大匙
香油	1小匙

✖腌料

白胡椒粉	适量
香油	适量
淀粉	适量

✖做法

1. 虾仁洗净去肠泥，拌入腌料腌渍10分钟（见图1），裹上地瓜粉放入140℃的油温中（材料外）炸熟，捞起备用。
2. 起油锅，将锅巴放入120℃的油温（材料外）中炸酥，捞起压碎备用（见图2）。
3. 葱、姜切末备用。
4. 起油锅，放入2大匙色拉油（材料外），加入做法3的材料、豆酥、干辣椒、花椒和所有调味料爆香。
5. 加入做法1、2的所有材料炒香即可（见图3）。

辣油炒蟹脚

材料

蟹脚	300克
葱	1根
辣椒	1个
蒜头	5粒
罗勒叶	10克

调味料

酱油膏	1大匙
沙茶酱	1大匙
白糖	1小匙
米酒	1大匙
辣椒油	1大匙

做法

1. 葱洗净切段；辣椒洗净切片；蒜头洗净切片；罗勒叶洗净；备用。
2. 蟹脚洗净、拍破壳，放入沸水中汆烫，备用。
3. 热锅，加入适量色拉油（材料外），放入葱段、蒜片、辣椒片炒香，再加入蟹脚及所有调味料拌炒均匀，起锅前加入罗勒叶快速炒匀即可。

避风塘蟹脚

❌材料

蟹脚……………150克
蒜头………………8粒
豆酥………………20克
葱花………………少许

❌调味料

白糖………………1小匙
七味粉……………1大匙
辣豆瓣酱………1/2小匙

❌做法

1. 蟹脚洗净，用刀背将外壳拍裂，放入沸水中煮熟，捞起沥干备用。
2. 蒜头剁成末，放入油锅中炸成蒜酥，捞起沥干备用。
3. 做法2锅中留少许油，放入豆酥炒至香酥，再放入蟹脚、蒜酥、葱花和调味料拌炒均匀即可。

椒盐花蟹

⊠材料

花蟹……………2只
（约250克）
蒜末…………… 30克
红辣椒末……… 20克
淀粉…………… 50克
葱花…………… 少许

⊠调味料

胡椒盐…………… 适量

⊠做法

1. 花蟹处理干净后切块，在蟹钳的部分拍上适量的淀粉。
2. 热锅加入500毫升色拉油，烧热至约180℃（材料外），放入花蟹块，炸至外观呈金黄色，捞起沥油备用。
3. 另取炒锅烧热，加入25毫升色拉油（材料外），放入蒜末、红辣椒末炒香，再放入炸好的花蟹块炒匀，起锅前撒入葱花和胡椒盐即可。

咖喱炒蟹

⊠材料

花蟹2只（约250克）、蒜末30克、洋葱丝100克、小葱段80克、红辣椒丝30克、香芹段120克、鸡蛋1个、淀粉60克、高汤200毫升

⊠调味料

咖喱粉30克、酱油20克、蚝油50克、白胡椒粉适量

⊠做法

1. 花蟹洗净，切好后，在蟹钳的部分拍上适量的淀粉。
2. 热锅加入500毫升色拉油（材料外），以中火将花蟹炸至八分熟，外观呈金黄色，捞起沥油备用。
3. 取炒锅烧热，加入25毫升色拉油（材料外），放入蒜末、洋葱丝、小葱段、红辣椒丝和香芹段爆香。
4. 加入咖喱粉、酱油、蚝油、高汤和白胡椒粉，再放入炸好的花蟹炒匀，并以慢火焖烧将高汤收至快干。
5. 于做法4中加入打散的鸡蛋液，以小火收干汤汁即可。

清蒸花蟹

材料

花蟹·····················2只
（约250克）
姜片·················· 60克
小葱段··············· 50克
水···············300毫升
香菜·················· 少许

调味料

白醋············· 60毫升
米酒············· 30毫升

做法

1. 将花蟹外壳和蟹钳清洗干净。
2. 取一锅，加入姜片、小葱段、米酒和水，再放上蒸架，将水煮至滚沸。
3. 放上花蟹，蒸约15分钟。
4. 将白醋、姜丝和香菜混合，食用花蟹时蘸取即可。

啤酒烤花蟹

材料

花蟹·················2只
（约250克）
啤酒············200毫升
洋葱丝·············60克
小葱段·············30克

调味料

奶油·················30克
盐·····················5克
白胡椒粉···········3克

做法

1. 花蟹处理干净后备用。
2. 烤箱以200℃预热5分钟。
3. 取一锡箔盘，用洋葱丝、小葱段铺底，再排入花蟹。
4. 于做法3中淋入啤酒，放入奶油、盐和白胡椒粉调味，然后将锡箔盘以锡箔纸包紧，再放入预热好的烤箱中，以200℃烤约25分钟即可。

金沙软壳蟹

材料

软壳蟹·················3只
（约300克）
咸蛋黄·················4个
葱·······················2根
生菜·················适量

调味料

淀粉·················1大匙
盐·················1/8小匙
鸡精·············1/4小匙

做法

1. 把咸蛋黄放入蒸锅中蒸约4分钟至软，取出后，用刀剁成泥；葱切葱花备用。
2. 起一油锅，热油温至约180℃（材料外），将软壳蟹裹上干淀粉下锅（无须退冰及做任何处理），以小火慢炸约2分钟至略呈金黄色时，即可捞起沥干油。
3. 另起锅，热锅后加入3大匙色拉油（材料外），转小火将咸蛋黄泥入锅，再加入盐及鸡精，用锅铲不停搅拌至蛋黄起泡且有香味后，加入软壳蟹及葱花翻炒均匀，放入摆有生菜垫底的盘上即可。

CHAPTER 4 热门海鲜料理篇

咖喱螃蟹粉丝

🍴材料

螃蟹·····················1只
（约250克）
粉丝·····················50克
洋葱·····················50克
蒜末·····················30克
芹菜·····················40克
奶油·····················2大匙
淀粉·····················2大匙
高汤·················300毫升

🍴调味料

咖喱粉·················2小匙
盐·····················1/2小匙
鸡精···················1/2小匙
白糖···················1/2小匙

🍴做法

1. 将螃蟹处理干净后切小块；芹菜、洋葱切丁；粉丝泡冷水20分钟，备用。
2. 起一油锅，热油温至约180℃（材料外），在螃蟹块上撒一些干淀粉，不需全部沾满，下油锅炸约2分钟至表面酥脆，即可起锅沥油。
3. 另起一锅，热锅后加入奶油，以小火爆香洋葱丁、蒜末后，加入咖喱粉略炒香，再加入螃蟹块及高汤、盐、鸡精、白糖，以中火煮滚。
4. 待做法3的材料继续煮约30秒后，加入粉丝同煮，等汤汁略收干后，撒上芹菜丁略拌匀，起锅装盘即可。

盐烤蛤蜊

⊠ 材料

大蛤蜊…………300克
生菜…………适量

⊠ 调味料

盐…………2大匙

⊠ 做法

1. 将蛤蜊泡盐水吐沙后洗净，用刀切去外壳尾端上的筋备用。
2. 将做法1的蛤蜊两面蘸上一层薄薄的盐，放上网架烘烤约4分钟至蛤蜊口微开且开始有汤汁溢出，将烤好的蛤蜊放入装有生菜垫底的盘中即可。

塔香炒蛤蜊

⊠ 材料

蛤蜊…………400克
姜…………10克
辣椒…………1个
蒜头…………10克
罗勒叶…………20克

⊠ 调味料

A 蚝油…………2小匙
　酱油膏…………1小匙
　白糖…………1/4小匙
　米酒…………2大匙
B 香油…………1小匙

⊠ 做法

1. 将蛤蜊放入水中吐沙及洗净；罗勒挑去茎洗净、沥干；姜切丝；辣椒切末，备用。
2. 热锅，加入1大匙色拉油（材料外），以小火爆香姜丝、蒜末、辣椒末后，加入蛤蜊及调味料A，转中火略炒匀。
3. 待做法2的材料煮开至出水后，偶尔翻炒几下，至蛤蜊大部分都开口，即可转大火炒至水分略干，再加入罗勒及香油略炒几下即可。

CHAPTER 4 热门海鲜料理篇

157

西红柿炒蛤蜊

⊠材料

蛤蜊⋯⋯⋯⋯350克
西红柿块⋯⋯⋯200克
芹菜段⋯⋯⋯⋯30克
葱段⋯⋯⋯⋯⋯30克
蒜片⋯⋯⋯⋯⋯10克

⊠调味料

盐⋯⋯⋯⋯⋯1/4小匙
白糖⋯⋯⋯⋯⋯1小匙
番茄酱⋯⋯⋯⋯1大匙
米酒⋯⋯⋯⋯⋯1大匙

⊠做法

1. 热锅，加入2大匙色拉油（材料外），放入蒜片、葱段爆香，再加入西红柿块拌炒，接着放入蛤蜊炒至微开口。
2. 于做法1的锅中加入所有调味料、芹菜段，炒至蛤蜊口张开入味即可。

好吃关键看这里

　　蛤蜊必须要吐沙完毕才能烹煮，所以可利用闲暇时间先处理完成，这样后续使用就方便多了，可大大节省烹调时间。

蛤蜊元宝肉

❌材料

蛤蜊⋯⋯⋯⋯⋯300克
猪肉泥⋯⋯⋯⋯200克
姜泥⋯⋯⋯⋯⋯ 1小匙
葱白泥⋯⋯⋯⋯ 1小匙
淀粉⋯⋯⋯⋯⋯ 1小匙

❌调味料

盐⋯⋯⋯⋯⋯⋯1/4小匙
白糖⋯⋯⋯⋯⋯1/4小匙
胡椒粉⋯⋯⋯⋯1/4小匙
香油⋯⋯⋯⋯⋯1/2小匙

❌做法

1. 将吐过沙的蛤蜊洗净，用小刀从侧面较短处剥开，取出蛤蜊肉后保留壳，再将蛤蜊肉剁碎。
2. 将猪肉泥与调味料混合，摔打搅拌至呈胶黏状，加入蛤蜊肉、姜泥、葱白泥、淀粉拌匀。
3. 将做法2的材料挤成小丸，蘸少许干淀粉（材料外），放在蛤蜊壳上，手蘸水抹平表面。
4. 将做法3的材料放入蒸锅中，以中火蒸约7分钟即可。

粉丝蒸扇贝

❌材料

扇贝·············4个
（约120克）
粉丝············10克
蒜头············8粒
葱··············2根
姜·············20克
香芹············少许
水··············2小匙

❌调味料

蚝油············1小匙
酱油············1小匙
白糖·········1/4小匙
米酒············1大匙

❌做法

1. 葱、姜、蒜头皆切末；粉丝泡冷水约15分钟至软；扇贝挑去肠泥、洗净、沥干水分后，整齐排至盘上，备用。
2. 在每个扇贝上先铺少许粉条，洒上米酒及蒜末，放入蒸锅中以大火蒸5分钟至熟，取出，把葱末、姜末铺于扇贝上。
3. 热锅，加入20毫升色拉油（材料外）烧热后，淋至扇贝的葱末、姜末上，再将蚝油、酱油、水及白糖煮开后淋在扇贝上即可。

蒜味蒸孔雀贝

❎材料

孔雀贝…………300克
罗勒叶……………3根
姜………………10克
蒜头………………3粒
红辣椒…………1/3个

❎调味料

酱油……………1小匙
香油……………1小匙
米酒……………2大匙
盐………………少许
白胡椒粉…………少许

❎做法

1. 孔雀贝洗净，放入沸水中汆烫过水备用。
2. 姜、蒜头、红辣椒都切成片；罗勒叶洗净，备用。
3. 取一个容器，加入所有的调味料，混合拌匀备用。
4. 将孔雀贝放入盘中，再放入做法2的所有材料和做法3的调味料。
5. 用耐热保鲜膜将做法4的盘口封起来，放入电锅中，于外锅加入1杯水，蒸约15分钟至熟即可。

沙茶炒螺肉

✖材料
螺肉·············300克
蒜头·············10粒
红辣椒·············1个
罗勒叶·············适量
小葱·············1根

✖调味料
沙茶酱·············1大匙
盐·············少许
白胡椒粉·············少许
白糖·············少许

✖做法
1. 螺肉洗干净，滤干水分；小葱洗净切段；蒜头与红辣椒都切成圈；罗勒叶洗净，备用。
2. 热锅，加入1大匙色拉油（材料外），再放入蒜片与红辣椒片，以中火爆香。
3. 加入螺肉与所有调味料，以中火翻炒均匀后，再加入罗勒叶略翻炒均匀即可。

塔香螺肉

✖材料
螺肉·············150克
葱末·············20克
辣椒·············10克
蒜碎·············10克
罗勒叶·············10克

✖调味料
酱油膏·············1大匙
沙茶酱·············1小匙
白糖·············1小匙
米酒·············1大匙
香油·············1小匙

✖做法
1. 螺肉洗净，放入沸水中余烫至熟，捞起备用。
2. 辣椒洗净，切圈备用。
3. 热锅，放入1大匙色拉油（材料外），加入辣椒圈、葱末和蒜碎爆香。
4. 加入螺肉和所有调味料快炒均匀，起锅前再加入罗勒叶拌匀即可。

塔香风螺

❌材料

风螺·······················150克
葱·····························1根
蒜头·························3粒
红辣椒·····················1/2个
罗勒叶·······················10克

❌调味料

白糖··························1小匙
陈醋··························1小匙
米酒··························1大匙
香油··························1小匙
酱油膏·······················1大匙
沙茶酱·······················1小匙
白胡椒粉·····················少许

❌做法

1. 风螺洗净后放入沸水中汆烫至熟，捞起沥干；罗勒叶洗净备用。
2. 葱切小段；蒜头切末；红辣椒切圈，备用。
3. 热锅，倒入适量油（材料外），放入葱段、蒜末、辣椒片爆香。
4. 加入风螺及所有调味料拌炒均匀，再加入罗勒叶炒熟即可。

牡蛎酥

材料

牡蛎…………………100克

地瓜粉………………适量

罗勒叶…………………5克

调味料

胡椒盐……………… 适量

做法

1. 罗勒叶洗净沥干，放入油锅中略炸至香酥后，捞起沥干摆盘备用。

2. 牡蛎洗净沥干，蘸地瓜粉，放入油锅中炸至外表金黄香酥后，捞起沥干放在罗勒叶上。

3. 食用时蘸胡椒盐即可。

葱油牡蛎

⊠材料

牡蛎·············150克
葱·················1根
姜·················5克
红辣椒··········1/2个
香菜··············少许
淀粉··············适量

⊠调味料

鱼露·············2大匙
米酒·············1小匙
白糖·············1小匙

⊠做法

1. 牡蛎洗净沥干，均匀沾裹上淀粉，放入沸水中汆烫至熟后捞起摆盘。
2. 葱切丝、姜切丝、红辣椒切丝后全放入清水中浸泡至卷曲，再沥干放在牡蛎上。
3. 热锅加入香油1小匙、色拉油1小匙（皆材料外）及所有调味料拌炒均匀，淋在做法2的盘中，再撒上香菜即可。

蒜泥牡蛎

⊠材料

牡蛎·············150克
油条··············1根
豆腐············100克
蒜头··············8粒
葱·············1/2根
香菜··············少许

⊠调味料

白糖·············1小匙
米酒·············1小匙
酱油膏··········2大匙

⊠做法

1. 油条切小段放入油锅中炸至酥脆，取出沥油摆盘；豆腐切丁放在油条上；蒜头切末；葱切丝，备用。
2. 牡蛎洗净，放入沸水中汆烫至熟，捞出沥干放在油条段上。
3. 热锅倒入适量色拉油（材料外），放入蒜末爆香，加入所有调味料炒香后，淋在牡蛎上。
4. 将葱丝与香菜放在牡蛎上，再热1小匙油（材料外），煮沸后淋在葱丝与香菜上即可。

椒盐鱿鱼

❌材料

鲜鱿鱼·············300克
葱末·················10克
蒜头·················5粒
辣椒·················5克
地瓜粉·············适量

❌调味料

盐·····················1小匙
白胡椒粉·······1/2小匙

❌做法

1. 鱿鱼洗净去表面白膜，切成圈状，裹上地瓜粉放入油温140℃的油锅中炸熟（材料外），捞起备用（见图1）。
2. 蒜头、辣椒洗净切末备用。
3. 热锅，倒入适量色拉油，加入做法2的所有材料和葱末爆香（见图2）。
4. 加入炸过的鱿鱼和所有调味料快炒均匀即可（见图3）。

三杯鱿鱼

材料

鲜鱿鱼	250克		
蒜头	10粒		
老姜	30克		
辣椒	1个		
葱	2根		
罗勒叶	20克		

调味料

酱油膏	2大匙
米酒	1大匙
胡麻油	1大匙
白糖	1小匙
陈醋	1小匙

做法

1. 罗勒叶洗净，老姜洗净切条，辣椒洗净切条，葱洗净切条。
2. 鱿鱼切兰花刀，再切块，备用。
3. 热锅，加入适量色拉油（材料外），放入蒜头、老姜条、葱条、辣椒条爆香，再加入鱿鱼及所有调味料焖烧至汤汁收干，起锅前再加入罗勒叶拌炒均匀即可。

烟熏鱿鱼

材料

鲜鱿鱼	1500克
姜片	5克
洋葱	1/4个
香菜	少许

熏料

茶叶	10克
白糖	5大匙
盐	1小匙

做法

1. 鱿鱼洗净，洋葱洗净切丝，备用。
2. 取锅，加入可盖过鱿鱼的水量，放入姜片与洋葱丝煮沸（去腥用），再将鱿鱼放入，快速汆烫过水，备用。
3. 取锅，铺上铝箔纸，放入所有的熏料，置于网架下，将汆烫好的鱿鱼趁热放在网架上，再盖上锅盖。
4. 开大火烟熏，待锅盖边缘冒出微烟，接着冒出浓烟时，改转小火，熏约10分钟至鱿鱼呈金黄色后取出，待凉后切片盛盘，撒上香菜即可。

彩椒墨鱼圈

材料

墨鱼圈…………200克
青甜椒片…………50克
黄甜椒片…………50克
红甜椒片…………50克
蒜片……………10克
葱段……………10克
水………………少量

调味料

盐………………1/4小匙
鸡精……………1/4小匙
米酒……………1大匙

做法

1. 热锅，加入2大匙油（材料外），放入蒜片、葱段爆香，再放入墨鱼圈拌炒。
2. 于做法1的锅中放入青甜椒片、黄甜椒片、红甜椒片、水和所有调味料，炒至均匀入味即可。

好吃关键看这里

墨鱼本身就很容易熟，所以要注意翻炒的时间，若炒过久就会变得太过干硬，口感不佳。

西芹炒墨鱼

⊠材料

墨鱼	300克	鱼露	1大匙
西芹	60克	白糖	1小匙
红甜椒	20克	米酒	1大匙
黄甜椒	20克	香油	1小匙
葱	1根		
蒜头	3颗		

⊠做法

1. 西芹、红甜椒、黄甜椒洗净切片，备用。葱切段，蒜头切片。
2. 墨鱼洗净切兰花刀、再切小块，放入沸水中汆烫，捞起备用。
3. 热锅，加入适量色拉油（材料外），放入葱段、蒜片爆香，再加入西芹片、红甜椒片、黄甜椒片炒香，最后加入墨鱼块及所有调味料拌炒均匀即可。

甜豆墨鱼

⊠材料

墨鱼	150克	盐	1小匙
甜豆荚	100克	白糖	1小匙
胡萝卜	10克	米酒	1大匙
姜	5克	香油	1小匙
葱	10克		
水	30毫升		

⊠做法

1. 墨鱼切花刀再切块状，放入沸水中汆烫至半熟，捞起备用。
2. 甜豆荚撕去纤维；胡萝卜、姜切菱形片，葱切段，备用。
3. 热锅，放入1大匙色拉油（材料外），加入做法2的所有材料爆香。
4. 加入墨鱼块、水和所有调味料，快炒均匀即可。

好吃关键看这里

切好的墨鱼或鱿鱼一定要先汆烫，烫至半熟，再用大火快炒，这样炒的墨鱼或鱿鱼吃起来才会又脆又嫩。

豆豉汁蒸墨鱼

✖材料
墨鱼140克、青椒5克、黄甜椒5克、洋葱5克

✖调味料
豆豉汁2大匙

✖做法
1. 墨鱼洗净后去膜去软骨，先切十字刀再切块；青椒、黄甜椒洗净后切小块；洋葱剥皮后切小块。
2. 将做法1的材料混合，放入蒸盘中，淋上调味料。
3. 取一锅，锅中加入适量水，放上蒸架，将水煮沸。
4. 将做法2的蒸盘放在蒸架上，盖上锅盖，以大火蒸约10分钟即可。

豆豉汁

材料：
A 豆豉50克、蚝油2大匙、酱油1大匙、米酒3大匙、白糖2大匙、胡椒粉1小匙、香油2大匙
B 姜末30克、蒜末30克、辣椒末10克
做法：
　取一锅，将材料A加入，再放入材料B拌匀，煮至滚沸即可。

酥炸墨鱼丸

✖材料
墨鱼	80克
鱼浆	80克
白馒头	30克
鸡蛋	1个
生菜	适量

✖调味料
盐	1/4小匙
白糖	1/4小匙
胡椒粉	1/4小匙
香油	1/2小匙
淀粉	1/2小匙

✖做法
1. 墨鱼洗净切小丁、吸干水分，备用。
2. 白馒头泡水至软，挤去多余水分，备用。
3. 将做法1、2的材料加入鱼浆、鸡蛋液、所有调味料混合搅拌匀，挤成数颗丸子，再放入油锅中以小火炸约4分钟至金黄浮起，捞出沥油后盛盘，将生菜洗净摆盘边即可。

好吃关键看这里

　选用墨鱼头来制作，会比选用整只墨鱼制作更便宜，同时加入鱼浆及馒头碎更增加分量，口感也会更有弹性。

水煮鱿鱼

✖ 材料

水发鱿鱼………300克
罗勒叶……………适量
芥末酱油…………适量

✖ 做法

1. 将罗勒叶洗净，水发鱿鱼切成交叉花刀，再切成小段备用。
2. 将切好的鱿鱼段放入沸水中，汆烫至熟后拌入罗勒摆盘备用。
3. 食用时再搭配芥末酱油即可。

注：若吃不惯芥末，可以改蘸沙茶酱。

芥末酱油

材料：
芥末酱1小匙、酱油2大匙
做法：
　　将所有材料均匀混合即可。

韭菜花炒鱿鱼

✂材料

水发鱿鱼条……200克
韭菜花段………180克
蒜片……………10克
姜末……………10克
辣椒丝…………10克

✂调味料

酱油……………少许
盐………………1/4小匙
鸡精……………1/4小匙
胡椒粉…………少许
米酒……………1小匙

好吃关键看这里

　　食材要依据其本身的特性，先后加入拌炒，而不是一股脑地将全部材料都丢入锅中一起炒，这样炒出来的菜才会有香气与层次感，才会更好吃。

✂做法

1. 热锅，加入适量色拉油（材料外），放入蒜片、姜末爆香，再放入鱿鱼条炒香。
2. 加入韭菜花段拌炒，最后加入所有调味料炒至均匀入味，起锅前加入辣椒丝略炒即可。

洋葱鲜鱿

✖材料

鲜鱿鱼············250克
洋葱··············30克
青椒··············20克
红甜椒············10克
葱段··············10克
蒜片··············10克

✖调味料

蚝油··············1大匙
米酒··············1大匙
酱油··············1小匙
白糖··············1小匙
白胡椒粉·······1/2小匙
香油··············1小匙

✖做法

1. 鲜鱿鱼切花刀块，放入沸水中汆烫至熟，捞起备用。
2. 洋葱、青椒、红甜椒切块备用。
3. 热锅，放入1大匙色拉油（材料外），加入洋葱块、葱段和蒜片爆香。
4. 加入鲜鱿鱼块和所有调味料炒香，最后加入青椒、红甜椒块快速炒匀即可。

芹菜炒双鱿

✖材料

水发鱿鱼········300克
墨鱼··············300克
芹菜··············400克
蒜末··············10克
姜末···············5克
辣椒圈············10克

✖调味料

盐··············1/4小匙
白糖··············少许
鸡精············1/4小匙
米酒··············1大匙
陈醋··············少许
鱼露··············少许

✖做法

1. 水发鱿鱼洗净，表面切花刀，再将墨鱼去除内脏洗净，表面切花刀；芹菜洗净切段，备用。
2. 将鱿鱼片及墨鱼片放入沸水中汆烫一下，捞起冲凉开水备用。
3. 热锅，加入2大匙油（材料外），放入蒜末、姜末爆香，再放入鱿鱼片及墨鱼片翻炒数下。
4. 加入辣椒圈、芹菜段及所有调味料炒匀即可。

凉拌墨鱼

⊗材料

墨鱼·············· 180克
香芹段············· 60克
小西红柿··········· 50克
蒜末·············· 20克
香菜末············· 10克
红辣椒末············5克

⊗调味料

白糖·············· 10克
鱼露············· 30毫升
柠檬汁··········· 20毫升

⊗做法

1. 将墨鱼洗净，取出内脏后，剥除外皮，切成圈状，放入沸水中氽烫；小西红柿对切备用。
2. 取一个大容器，将所有调味料先混合拌匀，再加入墨鱼圈、香芹段、小西红柿、蒜末、香菜末和红辣椒末，混合拌匀即可。

水煮墨鱼

⊗材料

墨鱼仔··········· 180克
姜················· 6克
辣椒··············· 1个
香菜·················2根
蒜蓉葱油膏········ 适量

⊗做法

1. 将墨鱼仔剖开洗净切花刀，再切成条状，放入沸水中氽烫，捞起备用。
2. 将辣椒、姜切成丝；香菜摘叶片，备用。
3. 将做法1、2的所有材料混合均匀，再淋入蒜蓉葱油膏即可。

蒜蓉葱油膏

材料：
蒜头2粒、小葱1根、酱油膏3大匙、开水1大匙
做法：
先将蒜头、小葱切碎，再将所有材料混合均匀即可。

椒麻双鲜

❌材料

鲜鱿鱼·············100克
墨鱼··············100克
葱·················1根
姜················10克
蒜头···············3粒
花椒粒············少许
生菜··············适量

❌调味料

辣豆瓣酱·········2大匙

❌做法

1. 鲜鱿鱼、墨鱼洗净切兰花刀片，以沸水汆烫；葱切葱花；姜切末；蒜头拍碎切末，备用。
2. 取锅烧热后倒入适量油（材料外），放入葱花、姜末、蒜末与花椒粒炒香，再放入汆烫好的鱿鱼片与墨鱼片，加入辣豆瓣酱拌炒均匀，生菜洗净摆盘边即可。

甜豆炒三鲜

❌材料

A 水发鱿鱼片70克、虾仁70克、墨鱼片80克、水少许
B 甜豆荚120克、玉米笋片40克、胡萝卜片20克
C 葱段15克、洋葱丝20克、辣椒片10克、姜末10克、蒜末10克

❌调味料

盐1/4小匙、白糖1/4小匙、米酒1大匙、酱油少许、陈醋少许

❌做法

1. 热锅，放入2大匙色拉油（材料外），加入材料C爆香，再放入材料B拌炒均匀。
2. 加入材料A、所有调味料炒至均匀入味即可。

豆酱烧墨鱼仔

✖材料
墨鱼仔··········200克
辣椒···············1个
姜··················20克
葱··················1根
水················50毫升

✖调味料
黄豆酱··········3大匙
白糖··············1小匙
米酒··············1大匙

✖做法
1. 墨鱼仔除去墨管、洗净，沥干；辣椒切丝；姜切末；葱切丝，备用。
2. 热锅，加入少许色拉油（材料外），以小火爆香姜末后，放入水和所有调味料，待煮沸后放入墨鱼仔。
3. 再次煮沸后，转中火煮至汤汁略收干，关火装盘，最后撒上辣椒丝、葱丝即可。

香辣墨鱼仔

✖材料
墨鱼仔··········180克
葱段··············30克
蒜末··············20克
红辣椒圈·········15克
熟花生仁·········50克
淀粉··············30克

✖调味料
白胡椒盐·········20克
白糖···············5克

✖做法
1. 将墨鱼仔取出内脏后洗净，切成片状，沾裹淀粉。
2. 取一炒锅，加入250毫升色拉油（材料外）烧热至约180℃，将墨鱼仔放入锅中炸至外观呈金黄色，捞起沥油备用。
3. 另取一炒锅，加入15毫升色拉油（材料外），放入葱段、蒜末、红辣椒圈爆香，放入墨鱼仔片一同快炒后，再加入熟花生仁、白胡椒盐和白糖翻炒均匀即可。

葱爆墨鱼仔

☒材料
咸墨鱼仔········200克
葱段·············50克
蒜末············20克
红辣椒片··········5克
水················2大匙

☒调味料
酱油···············2大匙
米酒···············1大匙
白糖···············1小匙

☒做法
1. 咸墨鱼仔用开水浸泡约5分钟，捞出、洗净、沥干水分，备用。
2. 热一锅，加入约200毫升色拉油（材料外），烧热至约160℃，将墨鱼仔放入以中火炸约2分钟至微焦香后，捞出沥油。
3. 原锅留少许油，放入葱段、蒜末及红辣椒片炒香，接着加入墨鱼仔炒香，再加入水和所有调味料炒至干香即可。

好吃关键看这里
咸墨鱼仔料理前一定要先用开水浸泡，去掉多余的咸味，调味时也要注意不必过度，略有酱油味就可以了。

豆豉蒸墨鱼仔

❌材料
墨鱼仔··········· 180克
葱丝················· 20克
姜丝················· 15克
红辣椒丝·············5克

❌调味料
豆豉················· 20克
米酒··············10毫升
酱油················· 15克

❌做法
1. 将墨鱼仔洗净，排放在盘中，加入混合拌匀的调味料，盖上保鲜膜，放入电锅中，于外锅加入1/2杯水，待电锅开关跳起后取出。
2. 在墨鱼仔上放入葱丝、姜丝和红辣椒丝即可。

五味章鱼

✗材料
章鱼仔…………200克
姜…………………8克
蒜末……………10克
红辣椒…………1根
生菜……………适量

✗调味料
番茄酱…………2大匙
陈醋……………1大匙
酱油膏…………1小匙
白糖……………1小匙
香油……………1小匙

✗做法
1. 将姜、红辣椒切末，与蒜末、所有调味料拌匀即为五味酱。
2. 章鱼仔放入沸水中氽烫约10秒后，捞起装盘，生菜洗净摆盘边，食用时佐以五味酱即可。

蒜泥章鱼仔

✗材料
章鱼仔…………120克
豆腐……………200克
蒜泥……………50克
葱末……………20克
红辣椒末………10克
色拉油…………100毫升
香油……………50毫升

✗调味料
鱼露……………50克

✗做法
1. 章鱼仔洗净，沥干备用。
2. 豆腐略冲水，分切成四方小块，铺在盘底。
3. 将章鱼仔铺在豆腐块上，再淋上鱼露、蒜泥，盖上保鲜膜，放入电锅中，外锅加入1/3杯水，至开关跳起后取出。
4. 在章鱼仔上放上葱末和红辣椒末，再淋上色拉油和香油混合后的热油即可。

凉拌海蜇皮

✖材料

海蜇皮············300克
小黄瓜············150克
胡萝卜············50克

✖调味料

盐····················1小匙
白糖················1小匙
陈醋················$1\frac{1}{2}$小匙
香油················1大匙

好吃关键看这里

买回来的干燥海蜇皮必须先冲水，冲水的目的在于去除海蜇皮特有的腥味，这样比起久泡于水中尝起来的口感更好，能让整道料理增色加分。

✖做法

1. 将海蜇皮先冲水，然后泡约1个小时，洗去异味后切丝沥干。
2. 将1000毫升水煮至滚，再加入一碗冷水令滚水稍降温后，放入海蜇丝，稍微汆烫后迅速捞出冲水至凉透，沥干。
3. 小黄瓜洗净后去蒂头，切丝冲水沥干；胡萝卜削去外皮后切丝，冲水沥干。
4. 将做法2和做法3的材料与盐、白糖、陈醋拌匀，最后加入香油即可。

葱烧鲫鱼

⊠材料
鲫鱼·····················3条
（约600克）
姜·····················20克
小葱·····················3根
白醋·····················50毫升

⊠调味料
酱油膏·····················1大匙
酱油·····················1小匙
香油·····················1小匙
白糖·····················1小匙

⊠做法
1. 鲫鱼除去鳞片，再将内脏清理干净后洗净；小葱洗净切段；姜切小片，备用。
2. 将鲫鱼放入容器中，加入白醋（见图1）浸泡约1个小时（需每20分钟翻面一次）。
3. 将腌渍好的鲫鱼放入油温180℃的油锅（材料外）中，炸至表面金黄酥脆，备用（见图2）。
4. 取一炒锅，先加入1大匙色拉油（材料外），放入葱段、姜片，以中小火先爆香（见图3），再加入炸好的鲫鱼与所有的调味料和水，以中小火将汤汁收至浓稠即可（见图4）。

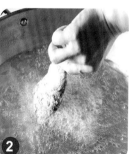

CHAPTER 4 热门海鲜料理篇

红烧鱼

❌材料
迦纳鱼1条（约400克）、姜丝15克、葱段20克、辣椒片10克、水150毫升、干面粉少许

❌调味料
白糖1小匙、陈醋1小匙、酱油2大匙、酱油膏1/2大匙

❌腌料
姜片10克、葱段10克、米酒1大匙、盐少许

❌做法
1. 迦纳鱼处理后洗净，加入所有腌料腌约15分钟，将鱼拭干抹上少许干面粉。
2. 热锅，倒入稍多的油（材料外），待油温热至160℃，放入鱼炸约3分钟，取出沥油备用。
3. 原锅中留约1大匙油，放入姜丝、葱段、辣椒片爆香，加入水和所有调味料煮沸，放入炸过的鱼烧煮入味即可。

豆瓣鱼

❌材料
尼罗红鱼…………1条（约700克）
猪肉泥…………40克
蒜末…………15克
姜末…………15克
辣椒末…………15克
葱花…………15克
地瓜粉…………适量
水…………200毫升

❌调味料
A 辣豆瓣酱……2大匙
　辣椒酱……1/2大匙
　酱油…………1小匙
　米酒…………1小匙
　白糖…………1小匙
　盐…………少许
B 水淀粉…………适量

❌做法
1. 尼罗红鱼处理好之后洗净，均匀蘸裹上地瓜粉，放入油温160℃的油锅中（材料外），炸约5分钟，捞出沥油备用。
2. 锅中留少许油，放入蒜末、姜末、辣椒末与猪肉泥炒香，再加入水、调味料A煮至沸腾。
3. 放入尼罗红鱼煮至入味，以水淀粉勾芡，再撒上葱花即可。

糖醋鱼

❌材料
黄鱼1条（约350克）、红甜椒丁10克、青椒丁10克、洋葱丁15克、水3大匙、淀粉1碗

❌腌料
盐1/2小匙、胡椒粉1/4小匙、香油1/4小匙、米酒1小匙、蛋液2大匙、淀粉2大匙

❌调味料
A 白醋5大匙、白糖5大匙、酱油1大匙
B 水淀粉1小匙

❌做法
1. 黄鱼洗净，剖腹，然后在鱼背两面划斜刀，各划6刀至骨，再将所有腌料混合涂抹于鱼身，备用。
2. 将黄鱼两面均匀拍上淀粉，并从背部下压定型，再放入油温160℃的油锅内（材料外），以中火炸约6分钟至金黄熟透后捞出沥油，盛盘备用。
3. 锅洗净，加入水和调味料A及红甜椒丁、青椒丁、洋葱丁，煮沸后加入水淀粉勾芡拌匀，淋在炸鱼上即可。

好吃关键看这里

鱼可以直接买市售炸鱼回来加工淋酱。制作糖醋鱼这种重口味的料理，鱼不用挑选很高级的品种，选购平价的黄鱼，经由浓郁的调味后也能很好吃。

泰式柠檬鱼

❎材料

银花鲈鱼·············1条
（约500克）
蒜末··················15克
辣椒末···············15克
姜丝··················10克
葱丝··················10克
洋葱丝···············25克
香菜··················少许
柠檬片···············少许

❎调味料

鱼露···········1$\frac{1}{3}$大匙
柠檬汁············1大匙
白糖··············1大匙

❎做法

1. 银花鲈鱼处理后洗净，在鱼身上划3刀，抹上少许盐（材料外）备用。
2. 所有调味料加入蒜末、辣椒末混合拌匀成酱汁备用。
3. 取长盘放入姜丝、葱丝，再放上鲈鱼，在鱼身上放上洋葱丝，淋上做法2的酱汁。
4. 将做法3长盘放入已滚沸的蒸锅中，以大火蒸约15分钟，熄火后放入柠檬片与香菜即可。

清蒸鲈鱼

🍴材料

鲈鱼·················1条
（约500克）
葱段·················2根
葱丝················30克
姜丝················20克
红辣椒丝··········少许
水··············80毫升

🍴调味料

酱油·················1大匙
鱼露·················1小匙
柴鱼酱油··········1小匙
白糖·················1小匙
盐················1/4小匙
胡椒粉············1/4小匙
香油·················1小匙

🍴做法

1. 鲈鱼清理干净。
2. 取一蒸盘，盘底放入葱段后摆上鲈鱼，再放入蒸锅中，以中火蒸约8分钟即可取出。
3. 葱丝、姜丝及红辣椒丝摆在蒸好的鲈鱼上，淋上适量热油（材料外）。
4. 将水和所有调味料混合煮沸，淋在鲈鱼上即可。

清蒸鳕鱼

🍴材料

鳕鱼·················1片
（约200克）
小葱·················1根
辣椒丝··········少许
姜丝················5克
蒜头················2粒

🍴调味料

米酒·················2大匙
盐··················少许
白胡椒粉··········少许
蚝油·················1小匙
香油·················1大匙

🍴做法

1. 将鳕鱼洗净，用餐巾纸吸干水分，放入盘中；小葱切丝；蒜头切片，备用。
2. 取一容器，加入除香油外的所有的调味料一起轻轻搅拌均匀，抹在鳕鱼上。
3. 将小葱丝、辣椒丝、姜丝和蒜片放至鳕鱼上，盖上保鲜膜，放入电锅中，外锅加入1杯水蒸至开关跳起。
4. 取出蒸好后的鳕鱼，再淋上加热后的香油以增加香气即可。

CHAPTER 4 热门海鲜料理篇

酥炸鳕鱼

❌材料

鳕鱼1片（约300
克）、地瓜粉
1/2碗

❌调味料

A 盐1/8小匙、鸡精1/8
小匙、黑胡椒粉1/4小
匙、米酒1小匙
B 椒盐粉1小匙

❌做法

1. 将鳕鱼摊平，将调味料A均匀地抹在鱼身两面，
   静置约5分钟。
2. 将腌好的鳕鱼两面都蘸上地瓜粉，备用。
3. 热一锅油至约150℃（材料外），将鳕鱼放入油
   锅炸至呈金黄色，捞起沥干装盘，食用时蘸椒盐
   粉即可。

好吃关键看这里

以地瓜粉直接作为炸鱼的裹粉，吃起来的口感会比面糊或粉糊更加爽口，
也不会有厚厚的一层外皮。腌鱼除了基本的盐与胡椒粉之外，加些米酒更有增
香与去腥的作用，除了米酒之外，也可以用绍兴酒或其他酒精浓度高的酒代
替。黑胡椒比白胡椒的味道更重一些，很适合味道清爽的鳕鱼，同时能使鱼肉
的口感更鲜嫩。

XO酱蒸鳕鱼

❌材料

鳕鱼·················· 1片
（约200克）
辣椒···············1/3个
蒜头···············2粒
芹菜段···············2根
粉丝··················1把
小豆苗···········适量

❌调味料

盐·················少许
白胡椒粉···········少许
白糖···········1小匙
XO酱···········1大匙

❌做法

1. 粉丝泡冷水至软后，捞起沥干放入盘中；辣椒
   切片；蒜头切片。
2. 鳕鱼洗净，用餐巾纸吸干水分，放入粉丝上。
3. 取容器，将所有的调味料一起轻轻搅拌均匀，
   抹在鳕鱼上。
4. 将辣椒片、蒜片和芹菜段放至鳕鱼上，盖上保
   鲜膜，放入电锅中，外锅加入1杯水蒸至开关跳
   起，取出撒上小豆苗即可。

豆豉蒸鱼肚

✖材料

虱目鱼肚…………1片
（约200克）
蒜头…………2粒
辣椒…………1/3个
小葱段…………1根
姜片…………5克
罗勒叶…………2根

✖调味料

黑豆豉…………1大匙
香油…………1小匙
白糖…………1小匙
盐…………1小匙
白胡椒粉…………1小匙

✖做法

1. 将虱目鱼肚洗净，用餐巾纸吸干水分，放入盘中；蒜头切片；辣椒切片；罗勒摘叶洗净，备用。
2. 取一容器，加入所有的调味料一起轻轻搅拌均匀，抹在虱目鱼肚上。
3. 将蒜片、辣椒片、小葱段和罗勒叶放至虱目鱼肚上，盖上保鲜膜，放入电锅中，外锅加入1杯水蒸至开关跳起即可。

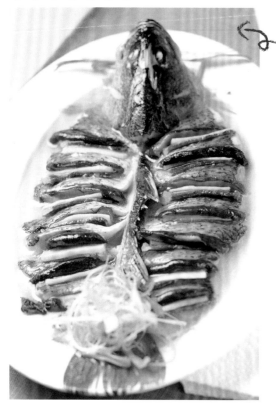

麒麟石斑

材料
石斑鱼·············· 1条
（约400克）
金华火腿·············· 1块
（约150克）
水发干香菇········· 5朵
竹笋···················· 1根
鸡高汤········ 150毫升

调味料
A 盐 ·········· 1/2小匙
　鸡精········· 1/2小匙
B 水淀粉······· 1小匙
　香油·········· 1大匙

做法
1. 从石斑鱼两侧将鱼肉切下，顺着鱼身斜刀切成宽约2厘米半的长方形鱼片，且保持鱼骨形状完整，备用。
2. 火腿、竹笋及香菇氽烫后冲冷，也切成与鱼片大小相等的片，备用。
3. 依序将香菇片、竹笋片、火腿片夹入鱼片间，全部夹好后将鱼摆入盘中，再将鱼头及鱼尾摆于盘中，包好保鲜膜，用牙签扎小孔，放入微波炉强微波5分钟后取出，撕去保鲜膜（或以蒸锅蒸熟）。
4. 热锅，放入鸡高汤及调味料A，煮开后用水淀粉勾芡，加入香油，淋在鱼身上即可。

松鼠黄鱼

材料
黄鱼·················· 1条
（约600克）
淀粉·················· 1碗
水·················· 150毫升

调味料
A 盐 ·········· 1/4小匙
　鸡精········· 1/4小匙
　白胡椒粉··· 1/4小匙
　米酒········· 1/4小匙
B 白醋········· 100毫升
　番茄酱····· 100毫升
　白糖··········· 5大匙
C 水淀粉········· 2大匙
　香油··········· 1大匙

做法
1. 黄鱼洗净，从鱼身两侧将鱼肉取下，在鱼肉上切花刀。
2. 将100毫升水和调味料A调匀，将鱼肉放入其中腌渍约2分钟。
3. 将鱼下巴取下，均匀蘸上淀粉，取出做法2的鱼肉沥干后蘸淀粉，切口处均匀沾到。
4. 热一锅油（材料外），油温约180℃。将鱼肉及鱼下巴入锅炸至金黄酥脆后捞起摆盘。
5. 另热锅，放入50毫升水和调味料B，煮开后用水淀粉勾芡，洒上香油，淋至鱼肉和鱼下巴上即可。

豆酱鱼片

材料
鲷鱼·············120克
葱末·············10克
姜···············5克
蒜头·············5粒
地瓜粉···········适量
水···············30毫升

腌料
白胡椒粉··········适量
香油·············适量
淀粉·············适量

调味料
黄豆酱···········1大匙
酱油············1/2小匙
白糖············1小匙
米酒············1大匙
香油············1小匙

做法
1. 鲷鱼切片，拌入腌料腌渍10分钟，再蘸裹地瓜粉，放入加热至140℃的油锅（材料外）中炸熟，捞起备用。
2. 姜、蒜头切末备用。
3. 起油锅，放入1大匙色拉油（材料外），加入做法2的所有材料和葱末爆香。
4. 加入炸鲷鱼片、水和所有调味料，拌炒至汤汁浓稠即可。

好吃关键看这里
　　鱼片质地较软，若是直接拿来快炒，很容易散掉。所以必须先裹地瓜粉入锅油炸，将鱼片定型，这样不仅更入味，整道料理看起来也会更美观。

香蒜鲷鱼片

❌ 材料
鲷鱼片100克、葱1根、蒜头6粒、红辣椒1/2个

❌ 调味料
盐1/2小匙、七味粉1大匙、白胡椒粉少许

❌ 面糊
中筋面粉7大匙、淀粉1大匙、色拉油1大匙、吉士粉1小匙

❌ 做法
1. 鲷鱼片洗净切小片，均匀蘸裹面糊；蒜头切片；葱切小段；红辣椒切菱形片，备用。
2. 热锅倒入稍多的油（材料外），待油温升至160℃，放入鲷鱼片炸熟，捞起沥油备用。
3. 将蒜片放入锅中，炸至香酥即成蒜酥，捞起沥油备用。
4. 原锅中留少许油，放入葱段、辣椒片爆香，再放入鲷鱼片、蒜酥及所有调味料拌炒均匀即可。

蜜汁鱼片

❌ 材料
圆鳕鱼片300克、熟白芝麻少许、地瓜粉适量、生菜少许、水120毫升

❌ 调味料
A 白糖少许、酱油1大匙、白醋1大匙、番茄酱1小匙
B 桂圆蜜1大匙、水淀粉适量

❌ 腌料
盐少许、米酒1大匙、蛋液1大匙、姜片10克

❌ 做法
1. 圆鳕鱼片去皮去骨切扇形片，加入所有腌料腌约10分钟，再蘸裹地瓜粉备用。
2. 热锅，倒入稍多的油（材料外），待油温升至160℃，放入鳕鱼片炸约2分钟，捞起沥油备用。
3. 将水和所有调味料A混合后煮沸，加入桂圆蜜拌匀，再加入水淀粉勾芡，撒入熟白芝麻拌匀成蜜汁酱。
4. 将鳕鱼片盛盘，淋上蜜汁酱；生菜洗净，垫盘底，将鱼片放于生菜上即可。

醋熘鱼片

CHAPTER 4 热闹海鲜料理篇

❌材料

A 鲷鱼片 ········300克
B 洋葱片 ········· 20克
　青椒片 ········· 20克
　黄甜椒片 ······ 20克
　姜片 ············· 10克

❌调味料

糖醋酱 ············· 2大匙

❌腌料

盐 ················· 1/2小匙
米酒 ················ 1大匙
胡椒粉 ·········· 1/2小匙
淀粉 ················ 1大匙

❌做法

1. 鲷鱼片加入腌料抓匀，腌渍约15分钟后过油，备用。
2. 热锅，加入适量色拉油（材料外），放入所有材料B炒香，再加入糖醋酱与鲷鱼片拌炒均匀即可。

糖醋酱

材料：
番茄酱50克、酱油膏1大匙、米酒1小匙、白胡椒粉少许、盐少许、白糖1小匙、香油1小匙
做法：
取一容器，放入所有的材料混合搅拌均匀即可。

191

干烧虱目鱼肚

❌材料

虱目鱼肚·········200克
小葱·················1根
姜片·················8克
竹笋·················1根
蒜头·················2粒
小豆苗···········少许

❌调味料

酱油膏·············1大匙
香油·················1小匙
白糖·················1小匙
鸡精·················1小匙
米酒·················2大匙

❌做法

1. 将虱目鱼肚洗净,用餐巾纸吸干水分备用;蒜头切片,备用;小葱洗净切段,备用。
2. 起锅,加入适量的油烧热(材料外),先放入虱目鱼肚煎至两面上色。
3. 加入除虱目鱼肚外剩余的材料,以中火爆香,最后放入所有的调味料,并改转小火让酱汁略收干即可。

椒盐鲳鱼

❎ 材料
白鲳鱼················ 1条
（约600克）
葱····················· 4根
姜····················· 20克
花椒············· 1/2小匙
八角··················· 2粒
水··············· 50毫升

❎ 调味料
A 米酒··········· 1大匙
　盐············· 1/4小匙
B 梅林辣酱油·· 1大匙

❎ 做法
1. 白鲳鱼洗净，鱼身两侧各划几刀；葱洗净，一半切花、一半切段；姜去皮、切片；备用。
2. 将葱段、姜片、花椒、八角拍碎，加水与调味料A调匀成味汁，将白鲳鱼放入其中腌渍约5分钟，捞起沥干，备用。
3. 热一锅油（材料外），油温约180℃，放入白鲳鱼炸至外皮金黄酥脆后，捞起摆盘。
4. 将梅林辣酱油淋至鱼身上，撒上葱花，烧热1大匙油（材料外）淋至葱花上即可。

椒盐鱼柳

❎ 材料
鲈鱼··············300克
蒜末···············10克
姜末···············10克
葱末···············10克
辣椒末···········10克
香菜末············适量
地瓜粉············适量

❎ 调味料
胡椒盐··············适量

❎ 腌料
盐················· 少许
白糖··········1/4小匙
米酒············ 1大匙

❎ 做法
1. 鲈鱼肉洗净，切块，放入所有腌料腌约10分钟，再蘸裹上地瓜粉备用。
2. 热锅，倒入稍多的油（材料外），待油温升至160℃，放入鲈鱼条，炸至表面上色，捞起沥油备用。
3. 原锅中留少许油，加入蒜末、姜末、葱末、辣椒末爆香，再加入鲈鱼块、胡椒盐炒匀，加入香菜末即可。

沙嗲咖喱鱼

✖材料

A 鲷鱼肉150克、洋葱10克、青椒10克、红甜椒10克、水50毫升

B 面粉7大匙、淀粉1大匙、吉士粉1小匙、色拉油1大匙

✖调味料

盐1/2小匙、白糖1/2小匙、米酒1大匙、沙茶酱1小匙、咖喱粉1小匙

✖腌料

盐少许、白胡椒粉少许、米酒1小匙、淀粉10克

✖做法

1. 鲷鱼肉切小片，加入腌料腌约5分钟，再均匀粘裹上混合的材料B。
2. 洋葱洗净去皮切块；青椒、红甜椒洗净去籽切块，备用。
3. 热锅倒入稍多的油（材料外），放入鲷鱼片炸熟，捞起沥油备用。
4. 原锅中留少许油，放入做法2的材料炒香，加入水及所有调味料炒匀后，再加入鲷鱼片拌炒均匀即可。

糖醋鱼块

✖材料

鲈鱼肉250克、洋葱50克、红甜椒20克、青椒20克、水2大匙

✖调味料

白糖2大匙、白醋2大匙、番茄酱1大匙、盐1/8小匙、水淀粉1/2小匙

✖腌料

盐1/4小匙、胡椒粉1/8小匙、淀粉1/2小匙、香油1/2小匙

✖面糊（裹粉料）

淀粉1大匙、蛋液2大匙

✖做法

1. 鲈鱼肉洗净切小块，加入所有腌料拌匀，静置约5分钟，备用。
2. 青椒、红甜椒、洋葱洗净切三角块，备用。
3. 将鲈鱼块加入蛋液拌匀混合后，再沾上干淀粉，备用。
4. 热锅，加入半碗色拉油（材料外），放入鲈鱼块以小火炸约2分钟，再以大火炸约30秒，捞起沥干油分盛出，备用。
5. 重新热锅，将做法2材料略炒，放入水及除水淀粉外的所有调味料拌匀，再放入炸鲈鱼块拌炒均匀，起锅前加入水淀粉拌匀勾芡即可。

蒜烧三文鱼块

✖材料
三文鱼肉········250克
猪肉泥··········80克
红辣椒············1个
小葱·············1根
蒜头·············8粒
水···············适量

✖调味料
酱油·············30克
米酒·············30克
白糖··············5克
陈醋···········10毫升
白胡椒粉··········5克
水淀粉············适量

✖做法
1. 三文鱼肉略冲水，切块；红辣椒和小葱洗净，切段。
2. 取炒锅烧热，倒入色拉油（材料外），放入三文鱼块煎至两面略焦黄后盛起备用。
3. 将蒜头放入做法2的锅中煎黄，再放入猪肉泥炒香，放入水和所有调味料（水淀粉先不加入）改转小火烧约10分钟，最后放入红辣椒段、小葱段和三文鱼块略煮，以水淀粉勾芡即可。

韭黄炒鳝段

✖材料
鳝鱼·············300克
韭黄·············100克
蒜头··············2粒
红辣椒············1个
水···············2大匙

✖腌料
米酒············1大匙
盐·············1/8小匙
白糖··········1/8小匙
蛋清·······$\frac{1}{2}$个鸡蛋量
淀粉············1小匙

✖调味料
A 陈醋············2大匙
　 酱油·········1/2小匙
　 白糖············1大匙
B 香油············1大匙

✖做法
1. 鳝鱼去内脏、去头尾，切段洗净后，以腌料腌约15分钟备用。
2. 蒜头切片；韭黄切段；红辣椒切圈状，备用。
3. 热锅，倒入适量色拉油（材料外），冷油时放入鳝鱼段，以大火快速拌炒至变色，捞起沥油备用。
4. 原锅中留少许油，爆香蒜片，放入水和调味料A。
5. 放入鳝鱼段、韭黄段、红辣椒圈拌炒均匀，起锅前加香油拌匀即可。

西湖醋鱼

❌ 材料

草鱼肉	1块（约300克）
葱	2根
姜	20克
米酒	2大匙
水	适量

❌ 调味料

A 香醋	100毫升
酱油	1大匙
白糖	2大匙
白胡椒粉	1/4小匙
B 水淀粉	1大匙
香油	1大匙

❌ 做法

1. 葱洗净、切段，姜去皮、切片，分别以刀面稍拍；鱼洗净，备用。
2. 炒锅内加水（以可淹过鱼肉为准），煮开后加入米酒及葱、姜，再放入鱼块，水滚后关至最小火（见图1），让水微滚并煮约8分钟至熟，捞起沥干装盘（见图2）。
3. 热锅倒入少许油，加入100毫升水和调味料A（见图3），煮滚后用水淀粉勾芡（见图4），加入香油，盛出淋至鱼身上即可（见图5）。

好吃关键看这里

西湖醋鱼是一道以香醋为主要调味料的菜肴，味道以酸味为主。香醋的酸味与香味都浓，所以即使只是淋在以葱姜水烫熟的鱼身上，味道也不会觉得淡。香醋汁中除了香醋，也要搭配分量足够的白糖，才能调和浓郁的酸味，不会过于刺激。

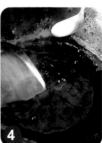

红烧鱼尾

材料
草鱼尾⋯⋯⋯⋯⋯ 1条
（约250克）
姜⋯⋯⋯⋯⋯⋯⋯ 20克
葱⋯⋯⋯⋯⋯⋯⋯ 3根
水⋯⋯⋯⋯⋯⋯ 200毫升

调味料
A 酱油⋯⋯⋯⋯ 2大匙
　白糖⋯⋯⋯⋯ 1大匙
　米酒⋯⋯⋯⋯ 1小匙
B 香油⋯⋯⋯ 1/2小匙

做法
1. 将草鱼尾洗净后沥干，放入热油锅中，煎至两面皆微焦时起锅备用。
2. 姜去皮、葱洗净，均切丝备用。
3. 热油锅，倒入适量油（材料外）烧热，放入姜丝及一半的葱丝以小火爆香，加入水和调味料A煮至滚开后，将葱、姜捞出。
4. 将草鱼尾放入锅中，以小火煮至汤汁收干，淋入香油后盛出装盘，将另一半葱丝放于鱼尾上即可。

香菜炒银鱼

材料
银鱼仔⋯⋯⋯⋯150克
葱⋯⋯⋯⋯⋯⋯ 30克
香菜⋯⋯⋯⋯⋯ 35克
蒜碎⋯⋯⋯⋯⋯ 20克
辣椒⋯⋯⋯⋯⋯⋯ 1个

调味料
淀粉⋯⋯⋯⋯⋯3大匙
白胡椒盐⋯⋯⋯1小匙

做法
1. 把银鱼仔洗净沥干；葱、香菜切小段；辣椒切细碎，备用。
2. 起一油锅，油温烧热至180℃（材料外），将银鱼仔裹上一层淀粉后，下油锅以大火炸约2分钟至表面酥脆，即可捞起沥油，备用。
3. 起锅，热锅后加入少许色拉油（材料外），以大火略爆香葱段、蒜碎、辣椒碎及香菜段后，加入银鱼仔，再均匀撒入白胡椒盐，以大火快速翻炒均匀即可。

辣炒银鱼

✕材料

银鱼仔…………150克
干辣椒……………2个
红辣椒…………1/3个
青辣椒……………1个
蒜头………………2粒
花生碎…………2大匙

✕调味料

白胡椒粉………1小匙
盐………………1小匙
香油……………1小匙

✕做法

1. 银鱼仔洗净后，蘸上少许面粉（材料外），再放入油温约170℃的锅中（材料外）炸至外观略呈金黄色后捞起备用。
2. 将干辣椒、青辣椒、红辣椒和蒜头洗净，都切成片，备用。
3. 热锅，倒入适量油（材料外），将干辣椒、青辣椒片、红辣椒片与蒜片先爆香，再加入所有的调味料和银鱼仔翻炒均匀。
4. 放入花生碎，拌匀即可。

清蒸鱼卷

❌材料

鱼肚档…………250克
豆腐……………300克
香菇……………50克
姜丝……………40克
葱丝……………30克
辣椒丝…………10克
香菜……………10克
黑胡椒………1/2小匙
水…………100毫升

❌调味料

鱼露……………2大匙
冰糖……………1小匙
香菇粉…………1小匙
米酒……………1大匙
香油……………2大匙
色拉油…………2大匙

❌做法

1. 鱼肚档切片；豆腐切片后铺于盘中；香菇切成丝，备用。
2. 鱼露、冰糖、香菇粉、水、米酒一起调匀后备用。
3. 将鱼肚档片包入香菇丝、姜丝后卷起来，放在排好的豆腐片上。
4. 将做法2的调味料淋在做法3的材料上，放入蒸锅以大火蒸8分钟。
5. 蒸盘取出，撒上葱丝、辣椒丝、香菜及黑胡椒，再把香油、色拉油烧热后，淋在鱼卷上即可。

CHAPTER 4 热炒海鲜料理篇

鲜果海鲜卷

材料

鱼肉⋯⋯⋯⋯⋯50克	越南春卷皮⋯⋯⋯6张
墨鱼肉⋯⋯⋯⋯30克	水⋯⋯⋯⋯⋯⋯6大匙
去皮香瓜⋯⋯⋯50克	低筋面粉⋯⋯⋯2大匙
胡萝卜⋯⋯⋯⋯20克	面包粉⋯⋯⋯⋯适量
洋葱⋯⋯⋯⋯⋯20克	生菜⋯⋯⋯⋯⋯适量
沙拉酱⋯⋯⋯⋯2大匙	

调味料

盐⋯⋯⋯⋯⋯⋯1/2小匙
水淀粉⋯⋯⋯⋯1大匙
白糖⋯⋯⋯⋯⋯1/4小匙

做法

1. 香瓜、洋葱、胡萝卜切小丁，备用。
2. 鱼肉、墨鱼肉切丁，汆烫沥干，备用。
3. 热锅，加入适量色拉油（材料外），放入洋葱丁以小火略炒，再加入3大匙水、做法2的海鲜、胡萝卜丁、盐、白糖煮滚，再加入水淀粉勾浓芡后熄火，待凉冷冻约10分钟，最后加入沙拉酱及香瓜丁拌匀，即为鲜果海鲜馅料。
4. 低筋面粉加入3大匙水调成面糊，备用。
5. 越南春卷皮沾凉开水即取出，放入1大匙海鲜馅料并卷起，整卷蘸上做法4的面糊，再均匀蘸裹上面包粉，放入油锅中以低油温中火炸至金黄并浮起，捞出沥油后盛盘，用洗净的生菜摆盘边即可。

凉拌鱼皮

✖材料

鱼皮·················250克
洋葱·················150克
香菜···················3根
小葱···················1根
红辣椒··················1个

✖调味料

香油·················1大匙
辣油·················1大匙
辣豆瓣酱···········1小匙
白糖···············1小匙
白胡椒粉···········少许

✖做法

1. 将鱼皮放入沸水中氽烫去腥，捞起后切丝并泡水冷却，沥干备用。
2. 将洋葱、红辣椒及小葱切丝；香菜切碎备用。
3. 取一容器加入所有调味料，再加入做法1、做法2的所有材料，略为拌匀即可。

CHAPTER 4 热门海鲜料理篇

CHAPTER 5

热门
豆腐&蛋类
料理 篇

豆腐和蛋虽然是很家常的食材，
但是在餐厅中也是非常受欢迎的，
究竟如何利用这两种平价食材，
做出高级的美味，
我们这就将方法告诉你。

烹制豆腐
秘诀大公开

秘诀1

传统豆腐切块后先泡水，可以去除豆子的生味和石灰味，也可以避免放在底部的豆腐被压碎。

秘诀2

传统豆腐的表皮比较干硬，通常都会切掉再料理，尤其是用来凉拌的时候。

秘诀3

像三杯豆腐、炸豆腐等需要豆腐口感的料理，建议选择盐卤老豆腐（切口会有孔洞），水分较少，炸起来口感较好。

秘诀4

豆腐先放入滚沸的盐水中略汆烫，可以让其结构变紧实，口感较Q弹，烹煮时不易破碎。

秘诀5

豆腐、臭豆腐和豆干先油炸再炒或炖煮，不仅口感会外酥里嫩，而且烹煮时不易破碎。

秘诀6

豆腐油炸前可先泡热水，让其变紧实，吃起来口感会更好。

烹制蛋秘诀大公开

洗过的蛋尽快用掉

一般人买蛋回家看到表壳脏污，可能会先将蛋洗净，其实蛋壳表层有一层称为角质层的薄膜，可以防止细菌侵入蛋的内部。买回来的蛋应直接存放在冰箱中，待要使用时再清洗，否则一旦洗去角质层，蛋便很容易腐败。

使用时先将蛋打在碗中

许多人用蛋做菜时习惯直接将蛋打入锅中，其实这并不是很恰当的做法。如此不但煎、煮出来的蛋容易破散，也无法确认蛋的鲜度，万一打了个坏的蛋，整锅料理就污染了。所以即使是在要用到好几个蛋的情况下，最好也逐一打入碗中以确认鲜度。

有些蛋料理不要打出泡沫

制作西点时常常要把蛋清、蛋黄打发，使糕点膨松，但在做一般家常料理如蒸蛋、炒蛋时，千万别打出泡，因为泡会使做出来的蛋口感不够滑嫩。正确的方式是将蛋打入碗中后，向同一方向拌打均匀即可。而蒸蛋时可利用滤网滤掉泡沫和杂质，使蒸出来的蛋更加美味细嫩。

活用蛋清与蛋黄的特性

蛋清有不错的黏性，可拌在肉泥或蔬菜中，使食材不易散开；蛋清搅打起泡后加热会膨胀，适合制作蓬松口感的食品；蛋清也具有澄清效果，在煮清汤时倒入，会吸附混浊的细渣浮末，使汤变得较清澈。蛋黄则能乳化水与油，混合成润嫩的口感；再加上鲜艳的黄色，涂于面皮上烘焙时可使表面呈现好色泽。

调味料会影响蛋的口感

有些调味料、添加物会使蛋在烹调过程中产生变化，例如加入盐、醋会使蛋在加热时较快凝固，煮出来的蛋较紧实有弹性。加入白糖或高汤则凝固的速度会变慢，成品也会较蓬松柔软。所以做蛋皮时不妨加入少许盐，加速蛋汁凝固；做日式厚蛋时不妨加点糖，能使口感更松软好吃。

火候控制的技巧

由于蛋非常易熟，所以要做出漂亮、美味的蛋料理，一定要掌控好火候，动作也要利落。炒蛋或煎蛋时，最好使用有柄锅，以便于离火控温。一般烹调时先用中火热锅，锅热后熄火，将蛋液倒入再开火，如此蛋才不易烧焦。炸蛋时也应注意油温，太高会使蛋焦黑，太低则会令蛋变得老硬。

放置于室温回温再烹调

一般来说放置在室温下的蛋，蛋黄在65℃、蛋清在70℃左右就会开始凝固。从冰箱拿出来的蛋如果直接加热，烹调的时间会变得不易掌控，而且加热过程中，蛋壳也很容易因温差大而破裂。冰过的蛋最好先在室温下放置约45分钟再下锅。煮蛋时加点盐、醋，也可以防止蛋壳破裂。

生蛋料理风险大

蛋的营养价值高，许多人认为生食比熟食更容易吸收蛋的养分，事实上生蛋和半熟蛋反而不易消化。原因是蛋清中含有影响人体吸收蛋白质的要素，要在高温下才能分解，如果没有煮熟反而降低了营养价值。此外养殖过程中许多细菌和寄生虫会透过蛋壳进入蛋中，所以生蛋吃多了对身体并不好。

西红柿炒蛋

❎材料

西红柿…………300克
鸡蛋………………3个
葱段………………10克

❎调味料

番茄酱…………2大匙
盐…………………1小匙

❎做法

1. 西红柿洗净切小块，备用。
2. 起油锅，放入1大匙色拉油（材料外），加入西红柿块和葱段爆香，再加入所有调味料炒香，捞起备用。
3. 再起油锅，放入1大匙色拉油（材料外），加入打散的蛋液炒至半熟，再加入做法2的材料炒匀即可。

好吃关键看这里

看来平常的西红柿炒蛋要炒得好吃也有诀窍。西红柿要先炒过，才会有甘甜味；西红柿和蛋要先分开炒过，蛋才不会炒得碎碎的。

木须炒蛋

❌材料
鸡蛋3个、豆干200克、胡萝卜5克、鲜黑木耳5克、葱1/2根、罗勒嫩叶少许

❌调味料
盐1小匙、鸡精1/2小匙

❌做法
1. 鸡蛋打散成蛋液；豆干、鲜黑木耳切丝；胡萝卜去皮切丝；葱切段；罗勒嫩叶洗净；备用。
2. 将做法1的材料混合在一起，再加入所有调味料拌匀。
3. 热锅，倒入适量油（材料外），倒入做法2的蛋液，以中小火煎至成型，但表面仍滑嫩时，立即炒散，加罗勒嫩叶即可。

好吃关键看这里
冰箱如果有剩下什么分量不多的食材，只要不是水分过多或是容易出水的食材，都可以切成丝加入蛋液中，做成一盘炒蛋，美味又不浪费。

罗勒煎蛋

❌材料
鸡蛋·················3个
罗勒叶············20克

❌调味料
盐·····················1小匙
白胡椒粉············适量

❌做法
1. 鸡蛋打散成蛋液；罗勒摘取叶片部分，洗净；备用。
2. 将罗勒叶拌入蛋液中，再加入所有调味料拌匀。
3. 热锅，倒入适量油（材料外），倒入做法2的蛋液，以中小火煎至底部上色，再翻面煎上色即可。

好吃关键看这里
煎蛋时火候别太大，以免焦掉，而如果要煎成整片，一定要等表面都定型了再翻面，否则煎出来的蛋会四分五裂，卖相就差了。

CHAPTER 5 热门豆腐&蛋类料理篇

鱼香烘蛋

✖材料

鸡蛋·····················7个
猪肉泥···············60克
荸荠·····················35克
葱花·····················10克
蒜末·····················10克
姜末·······················5克
香菜·····················少许
水·····················150毫升

✖调味料

红辣椒酱···········2大匙
酱油·····················1小匙
白糖·····················2小匙
水淀粉···············1大匙

✖做法

1. 荸荠洗净，去皮后切碎；鸡蛋打入碗中搅散；备用。

2. 热锅倒入约100毫升色拉油（材料外），中小火加热至约200℃（稍微冒烟），关火用勺子舀出一勺热油备用，再将蛋液倒入锅中，将备用的热油往蛋中央倒入，让蛋瞬间膨胀，开小火以煎烤的方式将蛋煎至两面金黄后装盘。

3. 原锅中余油继续加热，放入蒜末及姜末小火爆香，加入猪肉泥炒至颜色变白散开，再加入红辣椒酱略炒均匀。

4. 加入荸荠、葱花、酱油、白糖及水翻炒至滚开，以水淀粉勾芡后盛出，淋在做法2的煎蛋上，再撒上香菜即可。

好吃关键看这里

烘蛋与煎蛋最大的不同在于口感，烘蛋不但更香，口感也更为蓬松柔软。要做出这样的口感，油量不但要足，温度也要够热，而且为了让蛋汁能均匀且快速地受热，上面要淋上热油。

萝卜干煎蛋

✖材料
鸡蛋·····················3个
萝卜干···············80克
葱·····················1根
香菜·················少许

✖调味料
鸡精·················少许
白糖···············1/2小匙
米酒···············1/4小匙
淀粉···············1/4小匙
香油·················少许

✖做法
1. 萝卜干洗净后切丁；葱洗净并沥干水分后切细末，备用。
2. 取一干净大碗，打入鸡蛋，再放入萝卜干丁、葱末及所有调味料一起搅拌均匀。
3. 起锅，待锅烧热后放入2大匙油（材料外），再倒入做法2的蛋液煎至七分熟后，翻面煎至呈金黄色，撒上香菜即可。

芙蓉煎蛋

✖材料
鸡蛋·····················3个
火腿丝···············20克
笋丝·················20克
胡萝卜丝···········10克
葱丝·················12克
香菜·················少许

✖调味料
盐·················1/4小匙
白胡椒粉·······1/6小匙
米酒·················2大匙

✖做法
1. 鸡蛋打入碗中，搅散后加入盐、白胡椒粉及米酒搅拌均匀备用。
2. 热锅倒入1大匙油（材料外）烧热，放入葱丝、火腿丝、胡萝卜丝、笋丝，以中小火炒至变软后取出，放入做法1的蛋液中搅拌均匀。
3. 锅洗净后再次烧热，加入2大匙油（材料外），烧热后倒入做法2的材料，以中火快速翻炒至蛋液半凝固，再继续煎成饼状，撒上香菜即可。

茶碗蒸

✖材料

鸡蛋·····················2个
鸡肉·····················30克
虾仁（去壳）·······2只
新鲜百合··········20克
白果·····················4颗
水·····················300毫升
秋葵片············· 少许

✖调味料

酱油·············1/3小匙
味醂·············1/3小匙
盐·················1/4小匙
鸡精·············1/4小匙

✖做法

1. 将鸡蛋打入容器中，加入水及调味料拌匀，过筛网备用。
2. 将鸡肉和虾仁加入少许酱油、味醂（材料外）拌匀，放入碗中，加入新鲜百合和白果，再倒入蛋液至八分满。
3. 将做法2的蛋液放入冒蒸汽的蒸锅中，盖锅盖以大火蒸3分钟，将锅盖开一小缝隙，放上秋葵片再改转中火蒸10分钟，至蛋液凝固即可。

好吃关键看这里

蒸蛋最怕蒸得表面皱皱的，口感也不佳。秘诀就在于蒸蛋时，锅盖要打开一个小缝隙，让温度维持在85~90℃，这样就不会因为温度太高把蛋蒸老了。

百花蛋卷

✖材料

虾仁·················300克
蛋清··············· 1大匙
蛋液·········2个鸡蛋量
烧海苔·············· 1张
香芹碎············· 少许

✖调味料

盐·················1/2小匙
白糖·············1/2小匙
胡椒粉·········1/4小匙
香油·············1/2小匙
淀粉·················1小匙

✖做法

1. 将虾仁洗净，用干纸巾吸去水分。
2. 将做法1的虾仁以刀背剁成泥。
3. 虾泥、蛋清与调味料混合后，摔打搅拌均匀。
4. 将蛋液用平底锅煎成蛋皮后摊开，将虾泥平铺在蛋皮上，覆盖上烧海苔再压平，卷成圆筒状。
5. 将做法4的材料放入锅中，以中火蒸约5分钟后取出放凉，切成约2厘米厚的片状，撒上香芹碎即可。

阳春白雪

❌材料
蛋清·········4个鸡蛋量
虾米···············1大匙
火腿················2片
蒜头················3粒
葱·················1根
盐················1小匙
辣椒油············1大匙

❌做法
1. 蛋清加少许盐（材料外）打至起泡备用。
2. 热锅，用1小匙油（材料外）将打好的蛋清炒成棉花状，盛盘备用。
3. 虾米泡水至软，取出切碎；火腿切成末；蒜头拍扁切末；葱切成葱花备用。
4. 热少许油（材料外），爆香蒜末与虾米，再拌入葱花及火腿末，加盐调味，最后淋上辣椒油，铲起铺在做法2的蛋清上即可。

韭菜花炒皮蛋

❌材料
皮蛋·················2个
韭菜花···········100克
辣椒·············1/2个
地瓜粉············适量

❌调味料
酱油膏············1大匙
香油···············1小匙

❌做法
1. 皮蛋去壳切瓣，蘸地瓜粉；韭菜花切段；辣椒切丝，备用。
2. 热锅，倒入稍多的油（材料外），放入皮蛋炸至表面定型，起锅沥油备用。
3. 做法2的锅中留少许油，放入辣椒丝爆香，再放入韭菜花段炒匀。
4. 放入皮蛋与所有调味料炒匀即可。

香根皮蛋

✖材料

皮蛋·····················2个
香菜·····················1根
辣椒·····················1/2个
蒜头·····················2颗

✖调味料

酱油膏·············1大匙
香油·················1小匙

✖做法

1. 皮蛋去壳切丁；香菜摘除叶片，梗切小段；辣椒、蒜头切末，备用。
2. 香菜梗段、辣椒末、蒜末加入所有调味料混合成淋酱。
3. 将皮蛋丁盛盘，淋上做法2的淋酱即可。

好吃关键看这里

皮蛋如果要凉拌食用，就不用先将皮蛋炸熟或煎熟，这样才能吃到皮蛋滑嫩Q弹的口感。

宫保皮蛋

✖材料

皮蛋3个、干辣椒5克、蒜末1小匙、去皮蒜味花生仁1/2杯、水2大匙、面粉适量

✖调味料

宫保酱2大匙、香油少许

✖做法

1. 皮蛋放入蒸锅中蒸熟后去壳，切大块均匀沾裹上面粉备用。
2. 起油锅（材料外），油热至160℃，将皮蛋块放入油锅中，以大火炸至定型，捞起沥油备用。
3. 原锅中留少许油，以大火爆香蒜末、干辣椒。
4. 放入宫保酱和水，煮至沸腾后，放入皮蛋块拌匀。
5. 放入去皮蒜味花生仁拌匀，起锅前再加少许香油拌匀即可。

宫保酱

材料：陈醋1杯、酱油1/2杯、白糖1/2杯
做法：所有材料混合均匀，煮至沸腾即可。

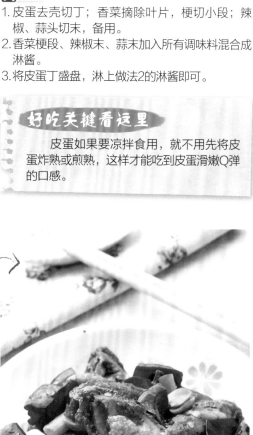

CHAPTER5 热门豆腐&蛋类料理篇

蚝油豆腐

✖️材料

老豆腐300克、小胡萝卜100克、甜豆荚30克、玉米笋30克、黑木耳30克、姜10克、水150毫升

✖️调味料

A 白糖1/4小匙、盐少许、香菇粉少许
B 素蚝油2大匙、水淀粉适量

✖️做法

1. 老豆腐切片；姜洗净切片；黑木耳洗净切条；小胡萝卜洗净去须根；备用。
2. 小胡萝卜、玉米笋放入沸水中汆烫约1分钟，接着放入甜豆荚快速汆烫一下，一并捞出沥干水分，备用。
3. 热油锅（材料外）至油温约160℃，放入老豆腐片炸约1分钟，捞出沥油备用。
4. 热锅倒入1大匙葵花籽油（材料外），爆香姜片，放入老豆腐片、素蚝油和水，煮至滚沸。
5. 放入姜片、小胡萝卜、玉米笋、甜豆荚、黑木耳条和调味料A拌匀，倒入水淀粉勾芡即可。

红烧豆腐

✖️材料

老豆腐	400克
香菇	2朵
胡萝卜丝	25克
葱段	20克
上海青	适量
水	180毫升

✖️调味料

酱油	1大匙
白糖	1/2小匙
鸡精	少许
盐	少许

✖️做法

1. 泡软的香菇切丝；老豆腐切厚片，备用。
2. 热锅，加入3大匙色拉油（材料外），放入老豆腐片煎至上色，再加入葱段、香菇丝、胡萝卜丝炒香。
3. 继续加入水及所有调味料煮匀，最后加入上海青煮熟即可。

家常豆腐

材料
老豆腐…………400克
葱…………………1根
蒜头………………3粒
辣椒………………1个
香菇………………2朵
笋片………………10克
五花肉片…………10克
高汤…………200毫升

调味料
A 辣椒酱………1大匙
  酱油…………1小匙
  白糖…………1小匙
B 水淀粉………1小匙
  香油…………1小匙
  辣椒油………1小匙

做法
1. 葱切段；蒜头切片；辣椒切段，备用。
2. 老豆腐洗净、切长块，放入150℃油锅内（材料外），炸至呈金黄色后捞起、沥油，备用。
3. 香菇泡水至软、切片，备用。
4. 热锅，加入适量色拉油（材料外），放入葱段、蒜片、辣椒段炒香，再加入笋片、五花肉片、炸豆腐、香菇片、高汤及所有调味料A拌匀，转小火焖煮2~3分钟。
5. 加入水淀粉勾芡，起锅前再加入香油和辣椒油拌匀即可。

鱼香豆腐

材料
老豆腐…………400克
猪肉泥 …………10克
蒜头………………2粒
葱…………………1根
水……………300毫升

调味料
A 黑胡椒粉………少许
  酱油…………1小匙
  鸡精………1/2小匙
  白糖…………1小匙
B 水淀粉………1小匙
  辣豆瓣酱……1大匙

做法
1. 老豆腐切厚片；蒜头、葱切末，备用。
2. 热锅，倒入适量油（材料外），放入蒜末与猪肉泥、辣豆瓣酱炒香。
3. 放入水及调味料A与老豆腐片煮至入味，加入水淀粉勾芡。
4. 撒上葱末即可。

好吃关键看这里
辣豆瓣酱事先炒过，味道与香气会更浓郁，不过味道也会比较辣，如果不能吃太辣的人可以最后再放入辣豆瓣酱。

蟹黄豆腐

✖材料
蛋豆腐…………150克
蟹脚肉…………20克
胡萝卜…………10克
葱………………1根
姜………………10克
水………………50毫升

✖调味料
A 白糖…………1小匙
　 盐……………1/2小匙
　 蚝油…………1小匙
　 绍兴酒………1小匙
B 香油…………1小匙
　 水淀粉………1小匙

✖做法
1. 蛋豆腐切小块；蟹腿肉切末；胡萝卜去皮切末；葱切葱花；姜切末，备用。
2. 热锅倒入适量油（材料外），放入蛋豆腐煎至表面焦黄，取出备用。
3. 另热一锅，倒入适量油（材料外），放入姜末爆香，再放入胡萝卜末、蟹腿肉末拌炒均匀。
4. 加入水及调味料A及蛋豆腐块，转小火盖上锅盖焖煮4~5分钟。
5. 加入水淀粉勾芡，最后加入香油和葱花即可。

锅褡豆腐

✖材料
老豆腐…………400克
小葱……………3根
上海青…………2根
低筋面粉………适量
高汤……………60毫升

✖调味料
白糖……………1小匙
酱油……………1大匙
米酒……………1/2大匙
胡椒粉…………少许

✖做法
1. 老豆腐切成长方形块，沾上低筋面粉，入油锅（材料外）以中油温炸至呈金黄色捞起备用。
2. 小葱洗净切末备用。
3. 上海青放入加有少许盐与色拉油（材料外）的沸水中汆烫一下，捞起泡入冰水（材料外）中冷却，沥干备用。
4. 热适量油（材料外），炒香葱末后放入高汤及所有调味料煮开，再加入老豆腐块，以小火焖煮至略收汁盛盘，摆上上海青装饰即可。

金沙豆腐

❌材料

老豆腐………… 600克
咸蛋黄（生）…… 4个
葱花…………… 1小匙
蒜末………… 1/2小匙

❌调味料

盐…………… 1/4小匙
白糖………… 1/4小匙

❌做法

1. 老豆腐洗净，切成4厘米见方的块状，放入160℃的油锅（材料外）中炸至呈金黄色后，捞出沥油；咸蛋黄入锅蒸熟后压成泥，备用。
2. 原锅中留少许油，加入咸蛋黄泥，以小火慢炒至起泡呈沙状，加入蒜末、葱花、所有调味料，再放入老豆腐块，以小火炒拌均匀即可。

好吃关键看这里

　　咸蛋黄要以小火先炒至起泡呈沙状，香气才会出来，与豆腐拌炒时也能均匀裹覆，使入口的香气一致；另外，豆腐先油炸可锁住水分及定型。

CHAPTER5 **热门豆腐&蛋类料理篇**

琵琶豆腐

<table>
<tr><td>❌ 材料</td><td>❌ 调味料</td></tr>
<tr><td>老豆腐400克、虾米
1小匙、虾仁80克、
鸡蛋3个、高汤100毫
升、淀粉1大匙</td><td>A 盐1/2小匙、白糖1/4
　小匙、胡椒粉1/4小
　匙、香油1小匙
B 蚝油1小匙、香油1/2
　小匙、水淀粉1小匙</td></tr>
</table>

❌ 做法

1. 老豆腐切去表面硬皮，洗净沥干；虾米泡水后捞出切末；虾仁洗净，用纸巾吸干水分，以刀背拍成泥；将两个鸡蛋打散成蛋液；备用。
2. 虾仁泥中加入盐，摔打至黏稠起胶，再加入豆腐、虾米末，其余调味料A拌匀，最后打入1个鸡蛋、加入淀粉拌匀成豆腐泥。
3. 准备8只瓷汤匙，抹上少许油，将豆腐泥挤成球形，放入汤匙里均匀整型使其呈橄榄状，重复此动作至填完8只汤匙，整齐放入锅内蒸约5分钟至熟，待凉倒扣取出。
4. 热锅，加入适量色拉油（材料外），将做法3的蒸豆腐泥均匀蘸裹上蛋液，放入油锅中（材料外）炸至两面变金黄色即可取出沥油。
5. 将高汤和调味料B煮滚后勾芡，淋在做法4上即可。

文思豆腐

<table>
<tr><td>❌ 材料</td><td>❌ 调味料</td></tr>
<tr><td>豆腐……………400克
笋丝………… 50克
胡萝卜丝……… 30克
上海青丝………10克
木耳丝…………20克
高汤…………300毫升</td><td>盐……………1/4小匙
白糖………… 1小匙
白胡椒粉……1/8小匙
香油………… 1小匙</td></tr>
</table>

❌ 做法

1. 豆腐切丝，取一锅，加入200毫升高汤，将豆腐丝放入略煮、浸泡入味，捞出后沥干汤汁装碗。
2. 取剩余高汤煮开，加入除香油外的其余调味料与除豆腐外的其他材料煮开后，倒入做法1的碗中，洒上香油拌匀即可。

好吃关键看这里

　　文思豆腐是一道拥有300多年历史的经典淮扬名菜，口味清香爽口、滑嫩鲜美；其最大特色就是刀工，需将豆腐及所有食材切成细丝。而豆腐丝要先用高汤煨过才会入味。

百花镶豆腐

✖材料
老豆腐············ 500克
虾仁··············· 150克
淀粉··············· 1小匙
蛋清········· 1/2个鸡蛋量
葱花··············· 1小匙

✖调味料

A 盐 ············· 1小匙
　白糖··········· 1/4小匙
　胡椒粉········ 1/4小匙
　香油··········· 1小匙
B 香油············· 1小匙
　柴鱼酱油······ 1大匙

✖做法

1. 老豆腐洗净，平均切成8等分；虾仁洗净，用纸巾吸干水分，拍成泥，备用。
2. 虾泥加入盐，摔打至黏稠，加入蛋清、淀粉、所有调味料A拌匀成虾泥馅。
3. 老豆腐块中间挖取一小洞，将虾泥馅挤成球形，蘸上适量淀粉（材料外），填入豆腐洞里，稍微捏整后放入锅内，蒸约8分钟至熟取出。
4. 食用前撒上葱花并淋上香油、柴鱼酱油即可。

好吃关键看这里

虾泥要镶入豆腐中，必须在豆腐挖洞里撒上淀粉，或者虾泥蘸裹上淀粉，这样利用淀粉的黏稠性可以将两样食材紧密结合，蒸的时候就不易散开。

豆腐黄金砖

✖材料

老豆腐500克、猪肉泥150克、虾仁100克、蒜头3粒、红辣椒1/3个、姜15克、海苔粉适量

✖调味料

酱油1小匙、米酒1大匙、鸡精1小匙、盐少许、白胡椒粉少许、淀粉1小匙、蛋清1个

✖做法

1. 将老豆腐切成长宽高约5厘米的正方体块，再将豆腐中心挖出1个小洞备用（见图1）。

2. 虾仁洗净剁碎；蒜头、红辣椒和姜都切碎备用。

3. 取一个容器，放入猪肉泥、做法2的所有材料和所有调味料（见图2），混合搅拌均匀，接着将拌匀的肉泥摔打至有黏性，备用（见图3）。

4. 取老豆腐块，抹上少许的面粉（材料外），将肉泥塞入豆腐块中（见图4），再将豆腐块放入约180℃的油锅中（材料外），炸至表面呈金黄色且肉泥熟（见图5）。

5. 将炸好的豆腐块盛盘，撒上海苔粉，淋上适量酱油膏（材料外）即可。

 ❶
 ❷
 ❸
 ❹
 ❺

脆皮豆腐

材料

老豆腐·············· 500克
番茄酱············· 2大匙
面粉··············· 1/2碗

面衣

低筋面粉········· 150克
糯米粉············· 30克
发酵粉············· 1小匙
色拉油············· 2大匙
水················· 适量

做法

1. 老豆腐洗净，用纸巾吸干水分，平均切成8等分的方块，并放入热水中浸泡约3分钟，再小心倒出沥干水分，备用。
2. 面衣材料拌匀后，分次加水慢慢调匀成脆浆粉，静置备用。
3. 将豆腐块沾裹上面粉，再沾脆浆粉，放入油温约160℃的油锅中（材料外），以中火炸至豆腐表面呈金黄色后捞出沥干。
4. 食用时蘸番茄酱即可。

好吃关键看这里

老豆腐油炸前，建议先泡热水让豆腐变紧实，这样成品口感才会更好；另外，豆腐表面光滑，裹面衣时要先沾面粉，再沾上脆浆粉，否则油炸时面衣容易脱落。

咸鱼鸡粒豆腐煲

材料

老豆腐············600克
去骨鸡腿肉······150克
咸鲭鱼肉··········50克
蒜末············1/2小匙
葱花···············1小匙
高汤············150毫升

调味料

A 蚝油············2小匙
　白糖·········1/2小匙
　米酒············1小匙
　胡椒粉······1/4小匙
　香油············1小匙
B 水淀粉··········2小匙

做法

1. 老豆腐洗净，切成边长约1.5厘米的丁；去骨鸡腿肉洗净切丁，加入少许盐（材料外）及淀粉（材料外）腌渍；咸鲭鱼肉切段，备用。

2. 热锅，放入适量色拉油（材料外），放鸡腿肉丁，炒至肉色变白盛起；锅中继续放入蒜末、咸鲭鱼段略拌炒，取出鲭鱼段切碎。

3. 继续加入高汤、调味料A及老豆腐丁，以小火煮约3分钟，淋入水淀粉勾芡，并撒上鲭鱼碎及葱花即可。

好吃关键看这里

　　鸡丁要先腌渍，再过油或煎炒，口感就不会干涩；而咸鲭鱼先切段油炸，再取出切碎，可让咸鱼香脆。此外，最后勾芡时的火候要转小火，才不会结块。

三杯臭豆腐

❌ 材料

臭豆腐…………200克
沙拉笋片…………适量
黑木耳片…………适量
姜片……………20克
蒜片……………20克
辣椒片…………15克
罗勒叶…………适量
香油……………20克
水……………80毫升

❌ 调味料

酱油……………20克
米酒……………20克
白糖………………5克

❌ 做法

1. 臭豆腐洗净、切小块，放入油锅中（材料外）炸约3分钟，至金黄酥脆再捞起沥油；罗勒叶洗净；备用。
2. 另起锅，加入香油，再放入姜片、蒜片、辣椒片爆香，接着放入沙拉笋片、黑木耳片，再放入臭豆腐、所有调味料拌炒均匀，起锅前再加入罗勒叶炒至入味即可。

清蒸臭豆腐

❌ 材料

臭豆腐…………300克
猪肉泥…………150克
毛豆……………80克
蒜末……………15克
葱花……………15克
红辣椒…………少许
高汤……………80毫升

❌ 调味料

酱油……………2小匙
盐………………1/2小匙
白糖……………1/4小匙
胡椒粉…………1大匙
香油……………1大匙

❌ 做法

1. 臭豆腐洗净；红辣椒切末，备用。
2. 热锅，倒入适量色拉油（材料外），放入猪肉泥炒至肉色变白，再放入蒜末、毛豆略拌炒。
3. 加入高汤、所有调味料，拌炒1分钟后淋至臭豆腐上。
4. 将臭豆腐放入锅中蒸约10分钟，取出撒上葱花、红辣椒末即可。

腐皮蔬菜卷

✖材料

腐皮······················· 1张
豆芽······················· 10克
胡萝卜···················· 5克
小黄瓜···················· 5克
洋葱······················· 5克
面粉······················· 适量

✖调味料

盐························· 少许
鸡精······················ 少许
白胡椒粉··············· 少许
香油······················ 1小匙

✖做法

1. 豆芽、胡萝卜、小黄瓜及洋葱切成大小差不多的丝,加入所有调味料混合均匀备用。
2. 腐皮切成3等分的三角形;面粉加少许水调成面糊,备用。
3. 取1小张腐皮,放上适量蔬菜丝,卷成条状,以面糊封口备用。
4. 热锅,倒入适量油(材料外),待油温热至120℃,放入做法3的腐皮卷,炸至表面金黄酥脆即可。

好吃关键看这里

腐皮因为很薄,容易炸焦,加上里面卷了馅料,因此不能用太高温的油去炸,以免表面烧焦,内馅还是生冷的,这样就不好吃了。

油豆腐细粉

❎材料

干百叶50克、猪肉泥200克、姜末1小匙、葱末1小匙、鸡精2小匙、盐1小匙、油泡豆腐200克、细粉丝1捆、高汤1000毫升、榨菜丝10克、海苔丝10克、小苏打1小匙

❎做法

1. 细粉丝切两段泡水；干百叶放小苏打，泡温水至软，取出洗净沥干，备用。
2. 高汤煮开，放入油泡豆腐，以小火浸泡入味备用。
3. 猪肉泥加入盐摔打至有黏性，放入姜末、葱末拌匀备用。
4. 取百叶皮，铺上做法3的猪肉泥，卷成卷状即成百叶肉卷（重复至肉泥用完）。
5. 将百叶肉卷放入蒸锅中蒸约12分钟后，取出备用。
6. 将粉丝放入沸水中烫熟，放在碗中，摆上油泡豆腐、百叶肉卷、榨菜丝、海苔丝。
7. 取做法2的高汤500毫升，加入鸡精调味后，倒入做法6的碗中即可。

辣拌干丝

❎材料

干豆腐丝300克、胡萝卜丝50克、芹菜50克、辣油汁2大匙

❎做法

1. 干豆腐丝略切短；芹菜去叶切段，备用。
2. 将做法1的材料、胡萝卜丝一起放入沸水中汆烫约5秒，取出冲凉开水至凉备用。
3. 在做法2的材料中加入辣油汁拌匀即可。

辣油汁

材料：
盐15克、味精5克、辣椒粉50克、花椒粉5克、色拉油120毫升

做法：
1 将辣椒粉与盐、味精拌匀备用。
2. 色拉油烧热至约150℃后，冲入做法1的辣椒粉中，并迅速搅拌均匀，再加入花椒粉拌匀即可。

下馆子
必点好汤

到馆子酒足饭饱之余总要来碗汤，这才能算是给一顿美味画上一个完美的句号，不过比起菜肴，汤品总是不受重视，其实一碗好汤能让整顿饭添色不少，以下13款经典好汤，让您吃得更有滋味。

山药鸡汤

✖材料

土鸡腿·············· 1个
（约400克）
山药·············100克
枸杞子···········1小匙
水···············700毫升
姜片················3片
米酒·············15毫升

✖调味料

盐···············1/2小匙

✖做法

1. 鸡腿洗净，放入沸水中氽烫去除血水脏污后，捞起沥干，备用。
2. 山药去皮，切滚刀块后放入沸水中氽烫，捞起沥干。
3. 取一炖锅，放入氽烫过的鸡腿，加入水、姜片和米酒，炖约1个小时后放入山药块、枸杞子和盐，再炖半小时即可。

竹荪鸡汤

✖材料
土鸡块·············300克
竹荪··················10条
水·················600毫升
姜片··················15克
米酒···············1大匙

✖调味料
盐··················1/2小匙

✖做法
1. 土鸡块洗净，放入沸水中汆烫去除血水脏污后，捞起沥干，备用。
2. 竹荪泡水至软化，剪去蒂头及末端后取3厘米长，备用。
3. 取一炖锅，放入土鸡块、竹荪、水和姜片，以小火炖约1个小时，再放入盐、米酒，再炖30分钟即可。

香菇松子鸡汤

✖材料
鸡·····················1只
（约1500克）
蒜头················10粒
姜·····················5克
松子···············1大匙
干香菇··············7朵
水·················800毫升

✖调味料
米酒···············2大匙
盐·····················少许
白胡椒粉··········少许
香油···············1小匙

✖做法
1. 土鸡洗净，放入沸水中汆烫过水，备用。
2. 蒜头去蒂洗净；姜切片；干香菇泡水至软，去蒂；松子干烘至香，备用。
3. 取一汤锅，加水，将做法1、2的所有材料和调味料依序放入。
4. 放至炉上以中火煮约30分钟，过程中再以汤匙捞除浮杂即可。

菠萝苦瓜鸡汤

✖材料

土鸡腿·················1个
（约300克）
苦瓜·················1/2根
小鱼干·················10克
水·············2000毫升
酱菠萝·················2大匙

✖做法

1. 土鸡腿洗净沥干切大块，备用。
2. 小鱼干洗净泡水软化沥干；苦瓜去内膜、去籽切条，备用。
3. 取一内锅，放入土鸡腿块、小鱼干、苦瓜条、酱菠萝及8杯水。
4. 将内锅放入电锅中，外锅放2杯水（材料外），盖锅盖后按下开关，待开关跳起即可。

四宝猪肚汤

✖材料

猪肚·················1个
（约1000克）
蛤蜊·················150克
金针菇·················200克
香菇·················5朵
姜片·················3片
葱·················1根
白萝卜·················1/2根
鹌鹑蛋·················6个
水·················400毫升

✖调味料

盐·················1/2小匙
米酒·················1小匙

✖做法

1. 猪肚先加盐再加醋搓洗干净；葱洗净切段。
2. 将猪肚放入沸水中汆烫，刮去白膜后，与姜片、葱段一起放入电锅蒸30分钟，取出猪肚放凉切片。
3. 蛤蜊泡水吐沙；香菇泡发、去蒂；金针菇去蒂洗净，放入沸水中汆烫，捞起沥干，备用。
4. 白萝卜去皮，切长方条，再放入沸水中汆烫，捞起沥干水分后铺于汤皿底部，再放入吐过沙的蛤蜊、香菇、鹌鹑蛋、金针菇和猪肚片，加入所有调味料和水，放入蒸锅中蒸1个小时即可。

酸辣汤

⊠材料
嫩豆腐…………100克
猪血……………100克
猪肉丝…………100克
竹笋丝………… 30克
胡萝卜丝……… 30克
鸡蛋………………1个
葱花………………适量
高汤………1500毫升

⊠调味料
A 陈醋 …………3大匙
　白醋…………1大匙
　白糖…………1小匙
　盐……………1小匙
B 水淀粉………2大匙
　香油…………1小匙
　白胡椒粉……1小匙

⊠腌料
酱油…………1/2小匙
白糖…………1/2小匙
淀粉……………1小匙
蛋清……1/2个鸡蛋量
米酒……………1小匙

⊠做法
1. 嫩豆腐、猪血洗净切丝，备用。
2. 猪肉丝以腌料拌匀，腌约20分钟备用。
3. 将豆腐丝 、猪血丝、竹笋丝、胡萝卜丝放入沸水中稍微汆烫一下备用。
4. 高汤煮沸，放入猪肉丝，再放入做法3的材料一起煮沸。
5. 加入调味料A，再以水淀粉勾芡使其呈黏稠状。
6. 转小火，鸡蛋打散慢慢倒入做法5中，1分钟后再拌匀并关火。
7. 食用前加入白胡椒粉、香油及葱花即可。

腌笃鲜

家乡肉…………300克
五花肉…………300克
鲜笋……………2根
葱………………1根
姜片……………2片
米酒…………1大匙
百叶结…………100克
上海青…………3棵
水…………2500毫升

⊠做法

1. 家乡肉、五花肉切成块；鲜笋切滚刀块；上海青洗净切小段；葱洗净切段，备用。
2. 取锅，加水（材料外）煮沸，放入五花肉块及葱段、姜片、米酒再次煮沸后，以小火煮10分钟捞起洗净。
3. 取一砂锅，加水煮沸，放入家乡肉块、笋块及五花肉块，以小火煮约80分钟，至汤呈奶白色。
4. 放入百叶结继续煮20分钟，上桌前加入上海青段即可。

好吃关键看这里

　　腌笃鲜是上海菜中著名的汤品，喝起来非常鲜美清甜，但是不少人自己制作后都会觉得喝起来非常咸，原因在于通常腌笃鲜的鲜甜美味都来自腌肉的滋味，而腌肉可使用金华火腿或家乡肉，所谓的家乡肉就是初腌的腿肉，味道没有那么咸却有腌肉的鲜味，价格也较为便宜，如果担心味道过咸可以选用家乡肉，风味绝佳。而最简单的分辨方式就是金华火腿带骨，家乡肉不带骨。

生菜鱼生汤

❌材料
草鱼肉	200克
生菜	100克
油条	1/2根
鸡高汤	400毫升
葱	1根
熟芝麻	少许

❌调味料
盐	1/2小匙
鸡精	1/4小匙
白胡椒粉	1/8小匙
香油	1/4小匙

❌做法
1. 生菜洗净，切粗丝置于汤碗中；油条切小片，铺至生菜上；鱼肉洗净、擦干、切薄片排在最上层；葱洗净、切细，与芝麻一起撒在鱼片上。
2. 鸡高汤煮沸后加入调味料调匀，冲入做法1碗中即可。

鸡蓉玉米浓汤

❌材料
罐头玉米粒	50克
鸡胸肉	50克
洋葱	50克
鸡蛋	1个
葱	1根
高汤	1000毫升

❌调味料
盐	少许
黑胡椒粉	适量
香油	1大匙
水淀粉	2大匙

❌腌料
盐	1/8大匙
白糖	1/8大匙
淀粉	1/8大匙

❌做法
1. 鸡胸肉切细丝，以腌料抓匀，备用。
2. 洋葱切丁；葱切葱花；鸡蛋打散成蛋液，备用。
3. 取汤锅加入高汤；放入洋葱丁及罐头玉米粒煮至沸腾。
4. 放入鸡肉丝，待再度沸腾后倒入蛋液搅散并以盐调味，再加水淀粉勾芡。
5. 上桌前加入香油、黑胡椒粉、葱花即可。